普通高等教育艺术设计类·新形态教材·

一流专业与一流课程建设系列教材

室内
公共空间设计（第4版）

主 编 侯 林
副主编 樊灵燕 刘雅婷

中国水利水电出版社
www.waterpub.com.cn
·北京·

内 容 提 要

本教材是在第3版的基础上全面修订而成，旨在将公共空间设计的基本理论与教学实践、工程实例相结合，同时融入当代公共空间设计的最新理念。书中详细介绍了室内公共空间设计的基本原理、设计方法和优秀案例等，并增加了生态设计、智能化设计等内容。全书共6章，包括：概述，室内公共空间设计的分类，室内公共空间设计的原则、方法和程序，室内公共空间形态设计，室内公共空间生态设计与智能设计，设计案例分析。

本教材为新形态一体化教材，配套的数字教材、电子课件和设计案例等教学资源可通过“行水云课”教育平台或公众号获取并阅读学习。

本教材可作为应用型本科、高职高专、成人教育、函授教育、网络教育、自学考试及各类艺术设计专业培训的学生作为教材使用，同时也可作为艺术设计工作者的参考资料。

图书在版编目（CIP）数据

室内公共空间设计 / 侯林主编. -- 4版. -- 北京 : 中国水利水电出版社, 2024. 11. -- (普通高等教育艺术设计类新形态教材). -- ISBN 978-7-5226-2373-3

Ⅰ. TU238

中国国家版本馆CIP数据核字第2024B7S827号

书　　名	普通高等教育艺术设计类新形态教材 **室内公共空间设计（第4版）** SHINEI GONGGONG KONGJIAN SHEJI
作　　者	主编　侯　林　副主编　樊灵燕　刘雅婷
出版发行	中国水利水电出版社 （北京市海淀区玉渊潭南路1号D座　100038） 网址：www. waterpub. com. cn E-mail：sales@mwr. gov. cn 电话：（010）68545888（营销中心）
经　　售	北京科水图书销售有限公司 电话：（010）68545874、63202643 全国各地新华书店和相关出版物销售网点
排　　版	中国水利水电出版社微机排版中心
印　　刷	清淞永业（天津）印刷有限公司
规　　格	210mm×285mm　16开本　11.5印张　306千字
版　　次	2006年6月第1版　2006年6月第1次印刷 2024年11月第4版　2024年11月第1次印刷
印　　数	0001—3000册
定　　价	**59.00**元

前言

本教材将“设计理论输入”“工程实践经典案例解读”“空间形态生成与设计思维提炼”“课程设计实践与运用”四个模块有机串联，使学生了解公共空间基本理论知识，并结合国内外经典案例加深认知，进一步通过空间形态推演、空间组织与设计方法的掌握、设计思维的提炼，将理论知识融入学生课程设计具体案例、过程步骤，竞赛获奖作品分析之中，使教材内容与课程设计紧密结合。本教材既是理论工具书，亦是案例参考集。

此外，本教材进行了内容更新，增加了生态设计、智能设计、数字化设计、参数化设计等板块，分析了这些新兴设计方法对当下公共空间室内设计的影响。教材中更新了大量图片资源，包括国内外设计大赛案例作品及学生竞赛获奖作品图例；增强了数字化资源建设，提供了微课视频、电子课件等数字教学资源，方便读者随时阅读与学习。此外，为了对标 1+X 全国室内设计师技能等级证书，书中将具体的任务要求与能力要求对应，生成了课证融通背景下的课程设计与案例样张，供相关课程教学参考。

在每章中，我们还特别融入了思政元素，旨在通过设计教育传递正确的价值观和社会责任感。通过分析设计案例中的文化内涵和社会影响，培养学生的爱国情怀、社会责任感和职业道德。希望学生在学习专业知识的同时，能够树立正确的人生观和价值观。

本教材遵循我国高等院校设计相关专业的教学大纲与教学计划要求，坚持理论与实践相结合的原则，突出设计类专业特点，融艺术、技术、观念、探索性于一体，具有结构完整、内容丰富、示范性强、使用面广等特点。教材中介绍的案例为近年来国内外经典、优秀的设计项目，确保了教材的专业性、应用性和前沿性。

本教材由上海第二工业大学侯林教授担任主编，上海杉达学院樊灵燕、刘雅婷担任副主编。在教材编写过程中，参考了国内外相关文献，在介绍和评析室内公共空间设计案例时，引用了相关图片，部分图片来源于谷德设计、每日建筑等设计案例展示和交流平台，在此向这些文献和图片的作者、提供者表示感谢！本教材的编写还得到了骏地建筑设计事务所、易和设计、唯想国际等设计公司的鼎力支持，他们提供了优秀的设计案例和作品图片，在此深表感谢！

虽然我们尽最大努力确保教材的专业性和实用性，但面对行业的快速发展，教材内容难免会有所滞后。编者的学识有限，书中若有不足或疏漏之处，恳请读者和专家不吝指正，您的宝贵意见将是我们不断改进和提升的动力。

编者
2024 年春

目录

前言

第1章　概述/1

1.1　室内公共空间设计的概念 …… 1
1.2　现代室内公共空间的设计特点 …… 3
思考与练习 …… 11

第2章　室内公共空间设计的分类/12

2.1　大厅、廊道空间设计 …… 12
2.2　办公、会议空间设计 …… 15
2.3　文教、阅览空间设计 …… 23
2.4　医疗、康体空间设计 …… 26
2.5　休闲、娱乐空间设计 …… 31
2.6　餐饮、酒吧空间 …… 34
2.7　商业、展示空间设计 …… 41
2.8　宾馆、客房空间设计 …… 46
思考与练习 …… 49

第3章　室内公共空间设计的原则、方法和程序/50

3.1　室内公共空间设计的基本原则 …… 50
3.2　室内公共空间设计的基本方法 …… 56
3.3　室内公共空间设计的基本程序 …… 72
3.4　室内公共空间设计与人体工程学 …… 86
3.5　设计师应具备的基本素质 …… 91
思考与练习 …… 92

第4章　室内公共空间形态设计/93

4.1　室内公共空间形态与类型 …… 93
4.2　室内公共空间组织设计 …… 95
4.3　室内公共空间序列的组织方式 …… 96

4.4　室内公共空间设计形态处理手法 …… 100
4.5　室内公共空间形态特点 …… 103
思考题 …… 126

第5章　室内公共空间生态设计与智能设计/127

5.1　室内公共空间生态设计 …… 127
5.2　室内公共空间智能设计 …… 140
思考题 …… 153

第6章　设计案例分析/154

6.1　公共空间设计新业态、新模式 …… 154
6.2　主题化空间、场景化空间定制 …… 156
6.3　城市文创公共空间、文化综合体设计 …… 158
6.4　可持续性理念下旧建筑向艺术馆等空间功能转化 …… 159
6.5　工业遗存公共空间改造更新设计 …… 161
6.6　绿色、智能、健康的公共空间设计 …… 163
6.7　品牌效益、国潮复兴思维引领的公共空间设计 …… 167
6.8　线上线下、AI赋能和深度体验等公共空间场景构建 …… 169
6.9　衣、食、住、学、娱等公共空间集成场景体验和增值服务 …… 171

参考文献/174

第 1 章　概述

【本章导读】 本章重点阐述了室内公共空间设计的定义以及现代室内公共空间的设计特征，旨在帮助读者掌控现代室内公共空间设计的发展走向。在设计过程中，着重关注人性化、功能性与美观性的融合统一，从而塑造出能够传递正能量、引领社会风尚的室内公共空间。此外，还需注重提升空间的使用价值与体验感受，积极响应党的号召，共同打造出更为美好、更具思想性和文化内涵的室内公共空间。通过创新设计，传承并弘扬中华优秀传统文化，增强文化自信。

第 1 章课件

1.1　室内公共空间设计的概念

1.1.1　室内公共空间设计的定义

室内公共空间设计是运用一定的物质技术手段与经济能力，以科学为功能基础，以艺术为表现形式，根据特定环境，对内部空间进行创造与组织的综合性创造活动。其目的在于构建安全、环保、舒适且优美的内部环境，以此满足人们日益增长的物质要求与精神追求。

室内公共空间设计具体涉及建筑学、社会学、心理学、民俗学、人体工程学、建筑材料学等多学科领域。它超越了传统意义上的室内装饰范畴，也不仅是隔断和家具的摆放，而是结合空间功能、具体环境，并综合考虑经济、人文等多种因素，运用各学科的知识、原理、技术、设备及相关设计手法，全方位、多层面地进行空间营造。随着我国经济建设与文化建设的发展及国民素质的不断提高，特别是我国与世界经济的进一步接轨，室内公共空间设计已成为大家关注的热点。当前，人们精神与物质生活的极大丰富，工商业的繁荣，旅游业的兴起，推动了酒店业、娱乐业、餐饮业等行业的迅速发展。同时，随着社会节奏加快，时间观念、效率意识增强，诸如社区、场馆、医疗、商业、办公等环境均需要不断改善，这些都给公共空间设计创造了一个巨大的市场潜力。公共空间设计不同于人居空间，它包含室外空间、过渡空间、室内空间三大内容。本教材将以公共空间中的室内部分为主要内容，就公共空间设计的概念与分类、设计原则与方法、空间形态设计、生态智能设计和相关课题案例分析等加以论述。

公共空间设计的目的是利用有限的物质条件，创造出无限的精神价值，从而改善人们的生活环境、提升生活质量，使人们从视觉到触觉所接触到的环境能达到从心理到生理的愉悦。它涉及科技、艺术等诸多范畴，包含环境、文化、行为、理念等多种因素。设计应该是艺术与科学的结合，应以满足人们的生活、学习、工作需要为原则，以启发人的思维方式为契机，规定人们行为的同时又改变着人们的生存方式（图 1.1）。

图 1.1　重庆光环购物公园沐光森林植物园玻璃中庭

1.1.2　室内公共空间与室外公共空间的关系

室内公共空间与室外公共空间是两个不同的概念，在设计上它们既有各自的独立性又有相互间的联系。

首先，从独立性上看，室内公共空间可以根据功能需要进行个性化创新设计。它需要摆脱室外诸多条件因素的影响，如歌厅要摆脱室外噪音给室内带来的影响；展厅要摆脱室外光线给室内展品带来的不确定性；较高级的共享空间，还要对室内空间进行造景等。

其次，从相互间的联系上看，室内公共空间与室外公共空间具有一定的相关性。室内设计是建筑设计的延伸和深化。建筑设计重视建筑自身在自然环境中的地理位置、气候条件，结构关系、材料选择等。而室内设计也要考虑上述因素和条件，如朝向、光线、室内温度和室外的关联影响，以及室外景观、流动景观等，要考虑将室外的、可用的相关因素运用、借景于室内设计之中（图 1.2、图 1.3）。

此外，室内公共空间与室外公共空间还有一定的连锁性。室内设计要根据建筑自身所提供的条件，如结合风水学理论、电气照明、给排水条件进行设计，要考虑怎样将室外光线、室外景观引入室内等。室内公共空间与室外公共空间在一定程度上具有很强的互动性。如怎样将室内环境与室外环境相融合，将室内过渡空间的形式、导向、装饰等因素与室外风格相统一，将门厅、橱窗这些设计因素作为联系室内与室外的桥梁。

图 1.2　上海西岸峰会 B 馆建筑中的共享公园

图 1.3　上海西岸峰会 B 馆绿色公园中的机器人 3D 打印咖啡厅

1.2　现代室内公共空间的设计特点

1.2.1　功能性

最大限度地满足室内公共空间的使用功能，满足人的使用要求，是室内设计的永恒主题。随着社会的发展，人们生活水平的提高，科学技术的进步，人们对于公共空间功能的需求也越来越多样化。除了传统的设计理念和设计方法外，现代室内公共空间设计特点主要表现在以下 5 个方面：

(1) 设计上更重视高、精、尖技术和智能化的运用。如在公共场所，可视图像取代了传统的宣传版面；博物馆可以为观众提供无线耳机接受导播；公共空间的导引系统更多利用电子屏幕；咨询台设有液晶触摸装置等，使人们更方便、更快捷地享受服务。

(2) 以人为本的设计理念代替了传统的自我维护意识，体现了一种人文关怀。如在大型的标准化公共场所，设计公共休闲区域和休息等候区域，区域中为了更好地服务于人，增设残障人坡道、扶手，提供报纸、杂志、饮用水设施和声讯导读、导购等装置，从而更好地满足人们的多样化需求。

(3) 声、光、电子等现代化的科技为现代化公共空间提供了更方便、更快捷的服务。如大型酒店、餐饮空间采用自动开启门板、电子广告屏、电子服务查询系统、监控和触摸式感应系统，多层、高层楼房设计升降电梯、观光电梯等，这些功能极大地满足了人们对于休闲、娱乐和提高工作效率的渴望。在照明设计上，不再是简单地只满足于基础照明这一单一的照明形式，更科学、更系统地考虑天花、地面、墙体、家具等一系列的照明系统，使室内空间照明系统根据不同环境和人的行为变化进行智能调节，既增强了实用性，又使设计更具科学性与艺术性(图 1.4～图 1.8)。

(4) 安全意识、防火防盗功能监控也是室内公共空间设计不容忽视的重要组成部分，如大型公共场所必须具备两个以上安全的疏散通道、应急通道，天花设计有烟感器、自动喷淋、自动报警装置，所使用的装饰材质必须是对人体无毒无害的绿色环保产品。

图 1.4　智能新零售 B+Tube 油罐美妆集合旗舰店

图 1.5　迪拜国际金融中心特色咖啡屋特色天花设计

图 1.6　苏格兰某办公建筑自然采光中庭空间

图 1.7　Otter Products 香港总部办公休闲区设计

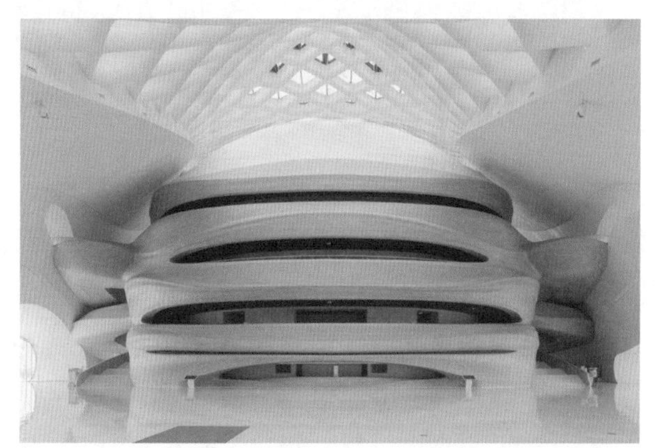

图 1.8　哈尔滨大剧院大剧场中庭空间

（5）以上四点主要是以物质功能为主，公共空间设计更不容忽视的还有精神功能。精神功能主要从艺术性和个性特色两方面来体现。精神功能主要表现在室内空间的气氛、感受上，如政治性较强的政府机关、法院等环境，在设计上应着重体现庄严、肃穆、高效的特点，空间布局高大、色彩稳重素雅；而生活化的场合，如酒店、餐饮、文体中心、商场等，要以愉快、活泼的设计风格为主，空间自由灵活，色彩丰富多变（图 1.9～图 1.11）。

图 1.9　B+Tube 油罐智能新零售美妆集合店

图 1.10　前卫潮流的长沙 W 酒店星际会所

图 1.11　曼谷 SPICE & BARLEY 餐厅融合 3D 数字技术和传统工艺

总之，不同环境、不同使用场所、不同使用对象在设计功能上是不同的，如对学校的室间设计就不能等同于宾馆，学校要满足教学、实践的功能需求，宾馆要满足对客人的服务功能需求，只有在满足了人们基本功能需求的基础上，才能进一步探讨其设计风格、材料应用、工艺手法等问题（图 1.12、图 1.13）。

图 1.12　张家口图书馆多功能厅顶部阶梯广场

图 1.13　上海 K11 艺术广场采光井

1.2.2　人性化

现代室内公共空间设计不仅仅是为了满足人的观赏、游玩、购物等活动，更应重点关注现代人心理与生理的体验，如何将人性化理念融入设计中，紧跟时代，最大限度地提高现代人的生存质量，这是摆在设计师面前必须思考的问题。如现代大型商场中为消费者所提供的咨询台、餐饮服务中心、等候座椅；大型超市提供的电子存包处、手推车、手提筐；个别特殊场所为消费者提供的孩子看管区域；大型展览馆、博物馆为残障人士提供的轮椅及专用坡道；还有部分场所提供的临时雨伞借用服务等。另外，根据不同服务性质，部分有条件的公共空间还为消费者提供电子查询、电子付账、网上购物、送货上门、电话预约服务等多元化功能设计，所有这些举措都是人性化理念的具体体现（图 1.14、图 1.15）。

图 1.14　北京大兴国际机场航站楼问询处

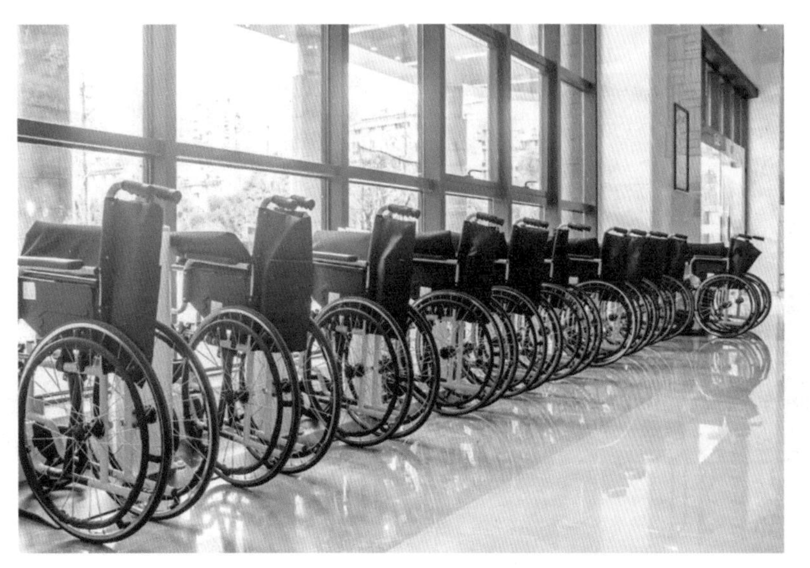

图 1.15　医院便民关怀爱心轮椅租赁处

1.2.3 民族化与现代化

创造具有文化价值，突出个性设计的生存空间，是现代室内设计的根本任务；怎样保留和挖掘民族的、传统的地方特色和文化底蕴，并结合现代的，适合现代人生存方式的设计思想和设计理念，以优化和丰富传统文化及现代文明在室内设计中的融合与应用，是摆在我们面前的重要任务。

当前，许多室内设计中存在着盲目地追求西方“爆炸式”生活方式和空间设计样式，在具体设计上表现为盲目模仿，如追求洋气、滥用外文，追求古怪、离奇的设计效果等，忽视了东西方文化的融合与个性化表达，这都是缺乏长远眼光的。当然，流行也是一种文化现象，对于流行的、时尚的设计元素我们可以采纳，甚至可以把它当成是世界或地域文化的一部分进行运用，但要根据具体内容适度使用。因为，这些形象上的东西往往不是主流文化，不能代表时代精神，也不是东方文化的体现，因此不具备强大的生命力。我们提倡营造民族的、本土的文明，提倡古为今用、洋为中用，这是摆在我们面前的永久课题，是历史赋予我们的使命，同时也是我们当代设计师为之努力的方向。民族化不仅单纯体现在具体形象、符号、色彩等元素上，更重要的是体现在整体形象和整体氛围上（图 1.16～图 1.19）。

图 1.16　北京 33 号院仲量联行 JLL 创新空间

图 1.17　汕头“红双鱼”主题餐厅入口空间

图 1.18　汕头“红双鱼”主题餐厅装饰细部

图 1.19　常州江左风华售楼中心门厅
（图片来源：骏地建筑设计事务所）

现代公共空间设计具有以下三个特色：

(1) 文化文明特色。人类自从有了居住的场所，也就产生了人类文化，产生了这个时代的文明。现代公共空间设计也是如此，设计要根据不同空间、不同属性、不同文化背景来组织设计。这些设计在形式、色彩、空间组合上都要有它的文化要求和特色。设计师需要和企业经营者共同建立起这种文化意识、个性意识，认真打造自己的空间形象，如老字号的商业空间必然有老字号的造型符号、传统色彩；时下流行的品牌店、连锁超市也必然有它的企业文化、VI 设计系统。这不仅是人类文明的必然发展，也是现代设计必然蕴藏的文化内涵（图 1.20、图 1.21）。

图 1.20 岭南老字号大鸽饭品牌升级“民居文化”空间展示
（图片来源：rongbrand 容品牌）

图 1.21 南昌金地未来 IN 售楼中心潮玩空间

(2) 光、透、亮特色。随着人们共享意识、互动意识的不断增强，当今公共空间设计，一改传统的封闭式空间布局，转而采用大框架、敞开式设计模式。即便是很小的空间，也追求光线充足、明亮通透的效果。例如，商场、超市、专卖店、发型屋，在灯光的设计上力求无死角，材料的选择上倾向于使用玻璃、白钢、亚克力以及高科技材料，为使空间最大化，处处用细腻、透明的材质展现空间、衬托产品。其目的是将人的视觉带到宽广、通透、舒适的体验中去（图 1.22、图 1.23）。

图 1.22 丽水银泰城售楼中心洽谈区设计
（图片来源：易和设计）

图 1.23 昆明海伦堡·玖悦府售楼中心休憩区
（图片来源：易和设计）

(3) 声、光、电特色。现代公共空间设计已经超越了过去陈旧的室内设计观念，积极运用最前沿的科学技术来实现工作、生活空间的最优化。如多媒体技术在室内设计上的运用、基面光影效果、电子控制系统，这些技术在不同时间、不同空间，发挥着不同的作用。如现代展示空间的设计，承办方或参展商往往将自己的企业产品形象，通过电子屏幕向参观者推出，通过形象、声音、电子控制系统吸引公众，更有效地拉近了人与空间、环境的距离。

1.2.4 科技性

设计是伴随着人类历史的发展而发展的，公共空间设计也是如此。在不同的时期，室内空间及室内的设计具有不同的风格和流派。20 世纪初，现代科学技术的发展带动了现代主义建筑的崛起，人们的眼界和要求也大幅度提升。而今绿色装修、环保意识、可持续发展的理念更是深入人心，这是我们要关注的最重要的课题。社会的发展推动人们摒弃陈旧的、传统的装饰手法和陈规戒律，去努力寻求与社会发展相适应的设计途径。在这一进程中，现代主义设计、后现代主义风格应运而生（图 1.24～图 1.27）。

图 1.24　上海 Space Plus 沉浸式商业体验空间

图 1.25　米兰汉堡连锁店精致清新的装饰设计

图 1.26　蒙特利尔市复古主题咖啡吧

图 1.27　杭州 IMV 数字产品零售店导光亚克力柱

20 世纪后期以来，随着人性化空间思潮的回归以及文化的融合，特别是科技的发展，数字化时代的到来，现代室内设计所创造的新型室内环境，往往在电脑控制、自动化、智能化等方面展现出新的要求，这促使室内设施设备、电器通信、新型装饰材料和五金配件等都具有了较高的科技含量，如智能大楼、能源自给住宅、电脑控制住宅等。由于科技含量的增加，也使现代室内设计及其产品整体的附加值大大增加，设计风格也趋向于科学技术与传统文化相结合的趋势。这些均对现代公共空间设计提出了更新、更高的要求。

1.2.5　艺术性

现代公共空间设计在艺术性上包括以下特点。

1.2.5.1　建筑空间转向时空环境

现代室内公共空间设计不仅仅是三维的建筑模式，且融入了时间这一概念，使之成为由长、宽、深及时间概念组成的四维空间。设计师往往运用不同的艺术表现手法，去努力体现一种时空的概念。随着全球化的推进，各地区之间的交流也越加频繁，这种交流也通过不同的组织形式，逐渐融入到室内公共空间的设计当中。也正是因为现代公共空间设计突破了以往的地域化限制，使得不同时空的设计元素相互融合、相互补充，从而创造出具有现代风格的设计概念。

现代室内公共空间，在形式上抽象地运用了许多不同民族和不同时期的装饰符号与装饰色彩，并灵活地加以打散、重组、综合，构成一种全新的视觉空间，使现代公共空间的设计跨越了时空界限，并通过互补，达到空间环境相结合的境地。现代公共空间在设计上除注重基本功能设计之外，还融入了更多的智能化元素，从而极大地提高了室内空间的科技含量。特别是网络技术的发展和数字化的普及，信息传递作为当今人类社会不可或缺的重要环节，在现代公共空间设计中也逐渐显示出它应有的地位。尤其是办公空间的设计，如何加强办公数智化，提高办公效率是我们在设计中需要考虑的重要因素之一。

1.2.5.2　室内装饰转向室内设计

建筑大师莱特说过，“真正建筑空间并非在它的四面墙，而是存在于里面的空间那个真正住用的空间”。室内装饰的概念是 20 世纪中叶的产物，但当时的概念是表面的；而到了 21 世纪，室内装饰概念变得更加科学、完整且丰富。装饰、材料是设计的重要组成部分，室内设计是通过对装饰材料的运用来体现的。人们在室内空间中，总是与装饰材料产生视觉与触觉的碰撞。因此，注重装饰材料对人体生理及心理作用的研究，注重绿色环保材料的使用，已成为不可逆转的潮流。

社会的发展、科技的进步带动了装饰材料及装饰工艺的革新。而新材料、新技术、新工艺的运用，为现代公共空间设计提供了广阔的创新空间。在室内设计师着手设计一个项目时，要详细分析与本项目相互关联的建筑结构和空间划分，还要努力分析部门之间空间及其活动情况、活动规律，认识哪些空间是主要的，哪些空间应该毗邻，哪些则应该隔离或相互融合等。

在历经现代主义设计潮流后，人性的回归已成为现代公共空间设计的主流。时尚、简约的设计方式，摒弃了以往繁复的装饰手法。简洁的空间，迎合了现代都市人渴望放松生活，能够回归自然的心态。在现代设计中，要不断吸取传统装饰风格中的精华，并结合地域特质，重新塑造新的室内风貌，给人在生理及心理上带来耳目一新的体验（图 1.28、图 1.29）。

图 1.28　大阪 W 酒店 24 小时健身中心

图 1.29　西安曲江希尔顿嘉悦里酒店多功能区打造鲜活的盛唐繁景

1.2.6　相关性

现代室内公共空间设计已不是早期以装饰为主的设计思维，它还要与室内其他环境因素相结合。如果是商业空间设计，要在提供服务、引导消费的同时，特别注重自身形象的打造，要使环境因素尽可能彰显企业文化，将经营理念展示出来，从而扩大企业内涵。如企业 VI 系统的引入、品牌形象的营造等，就是与现代室内设计直接相关的重要组成部分。在现代室内公共空间设计的同时，要充分予以重视并使之融合。

人是室内空间设计的核心要素，因其流动着的形象，给空间带来多变的造型和色彩效果。因此，设计师在设计某一空间时，要充分考虑人行走在这个空间之中的效果。人有自身的比例、形体、色彩，作为一个重要因素，始终对环境产生一定的影响，有时会给环境带来活力和人气，但有时也会给环境带来压力和干扰。如在公共环境中，作为墙面的装饰，腰线不能设计在人的平均视平线这一高度上，这样会造成头部与装饰线的平行，易产生压抑感。

较大型的公共空间设计，还要为企业推广创造良好的环境。如当下流行的大型酒店和商场的设计，一般要在主入口或大厅中间均留出足够的空间。这一空间的设计，无须华丽和琐碎，主要是为企业的推广活动、对外展示活动创造条件。通过各种活动可提高企业自身知名度的需要，同时也是营销策略的需要。随着市场经济的发展，品牌店、连锁店的出现，既给现代商业空间增添了新的风景，又给人们带来了消费信心，为人们提供了新的便利，如洗、熨、烫服务给健身馆、洗浴业带来了便利，而读书、阅览、视听、观赏及休息区域的设计又极大地丰富了酒店大堂文化。总之，设计是一种整合，不仅应该考虑个体空间本身，还要考虑空间与空间的协调：公共空间设计要以人为本，一切为人所能接受，为人提供最大便捷的服务。要强调人与空间、人与物、空间与空间、物与空间、物与物之间的联系和互动，这也是设计师现代意识的体现（图 1.30）。

图1.30 宁波福明菜场顶部悬挂鱼形手工艺纸灯装饰

思考与练习

1. 简述公共空间的基本概念。
2. 简述室内公共空间与室外公共空间的关系。
3. 现代室内公共空间有哪些特点?

第 2 章 室内公共空间设计的分类

第 2 章课件

【本章导读】 本章主要介绍了不同类型的公共空间，希望读者关注各种不同公共空间类型的时代语义，如展示空间可融入传统文化元素，展示国家文化自信；商业空间可满足多样化的社会及生活需求，体现公共空间的高质量发展与美好生活；文教空间需丰富空间的文化氛围营造，体现国家对精神文明建设与文化内涵的重视等。

公共空间设计所包含的内容十分广泛，广义上分为室外和室内公共空间两大类，而室内公共空间设计又分为居室空间设计和公共空间设计两部分。本章主要围绕室内公共空间设计展开探讨。

2.1 大厅、廊道空间设计

现代公共空间设计更多强调理性、秩序和效率概念。就室内大厅、廊道、门厅设计而言，它是室内空间设计的起始阶段，是通向过渡空间、活动空间的门户，更是人们接触空间的“第一印象”，因而，对它的空间设计就显得十分重要了。

公共空间的大厅、廊道、门厅设计，一般要有较宽敞的尺度、明亮的照度，要充分体现该空间的本质属性以及人文关怀，通过空间设计给企业员工或来宾带来良好的心情，美好的愿景，尤其要给客人以诚心和信心。

此外，大厅也从是室内到室外的过渡，它的主要功能是服务和疏散。当然，对于较大的门厅、大堂来说，还可以设计较多的功能。

大厅、门厅、廊道空间设计要点包括以下四个方面。

(1) 尽可能体现室内空间性质，空间分区明确，以服务为宗旨，可融入企业标识、理念、吉祥物形象等元素。

(2) 营造舒适感、确保安全至上，使客人或员工体会到宾至如归的感觉。

(3) 保持空间宽敞、明亮。色彩采用高明度材料，以细致光亮为主。

(4) 设置安全警示标识，路标引导系统要明显，使人看得清楚，一目了然。

2.1.1　共享大厅

共享大厅顾名思义要体现一个“共”字和一个“享”字。共享大厅在酒店和大型商场较为多见，部分服务性企业、事业单位、社区服务机构也越来越多呈现类似这样的区域设计（图 2.1、图 2.2）。现代室内设计中，共享大厅主要功能和特点如下：

(1) 功能齐全。除服务台外，休息座椅、茶几、小商场、电信业务、酒水吧等均有提供。

(2) 有观赏性。这一特色体现在高大的树木、潺潺的流水、石壁、壁画、钢琴、水族等，这些元素往往是共享大厅不可或缺的重要形态。

(3) 宽敞明亮。大尺度的空间往往可以同时容纳几十人甚至上百人。共享大厅一般设在底层，有的较大厅堂还设计了天井或者二层环廊等。

图 2.1　越南金兰湾丽笙酒店大堂

图 2.2　苏州大运河英迪格酒店大堂

2.1.2　门厅空间

一般体现在中小型酒店和商场，通过门厅，可以给室内外一个过渡，带来一个缓冲，也给人一种心理暗示和领域感。有条件的门厅为提高服务意识一般还设有服务台、咨询处、保安室，设有部分休息座椅，较大空间还设有超市、酒吧、声讯服务等功能。门厅空间有简洁明了的指示性标牌。人站在门厅很容易找到想要去往的地方。门厅空间流动性很大，容纳人数可能时多时少，因而在设计上要以简洁、大方为原则，和谐是设计的主要目标。在照明设计上门厅则以主照明和装饰照明为主（图 2.3）。

图 2.3　绍兴新昌安岚酒店大堂富有沉稳格调

2.1.3 走廊空间

走廊空间也称为过厅、过廊或廊道。作为过渡空间，走廊通常看起来比较狭窄，不可容纳较多的人，因此是一种典型的过渡空间。另外，走廊是一个相对安静的空间，在设计上不能使人感到过度压抑。因此，为了扩大空间感，在天花和墙壁上一般都设有顶光灯、壁灯和指示灯，墙面上布置小幅装饰画，设门牌号等。走廊的设计形式一般都较规范，风格统一、色调一致，除特殊要求外，一般变化不大。走廊临窗，光源则以自然光为主。较高档也可以设计壁画，点缀自然装饰物。公共空间的走廊宽度一般不小于 180cm；以 4 人并行不易碰撞为标准，其走廊两侧如有出入口，一般还需错开设计，保持静音和不影响他人的活动；医院、学校走廊必须宽敞，避免人员碰撞；餐饮空间则要方便餐车或送餐顺利通过，距离地面 300mm 需设“安全通道”指示牌等（图 2.4、图 2.5）。

图 2.4 南宁龙光那莲豪华精选酒店公区走廊

图 2.5 贺兰山美贺酒庄通往客房区走廊

2.2　办公、会议空间设计

2.2.1　办公空间

2.2.1.1　办公空间分类

1. 按封闭性分类

(1) 封闭式空间。这种空间适合于特殊功能的办公空间，如财务、高层领导办公空间等。这些空间往往要求安全、隔音，通常用完全封闭的手段，用较高档的材料进行设计和施工(图 2.6)。

图 2.6　广州汇金中心高级办公样板间

(2) 敞开式空间。敞开式空间也称开放式办公空间，它适合于多人办公和活动，它的特点是将若干个行政或管理部门置于一个较大的空间之中，将每个工作空间通过较矮小的隔断进行分离，形成自己相对独立的空间，以便相互沟通 (图 2.7、图 2.8)。

图 2.7　开放式办公区协同工作布局

图 2.8　特拉维夫 Lumen 公司开放式办公区

2. 按办公形式分类

(1) 单间。这种形式适合于一般领导或管理层使用，空间面积相对较小。

(2) 套间。这种办公室由办公和会客空间两间组成，特殊情况设有休息室和卫生间，适合高级领导和专家使用。

2.2.1.2 办公空间设计要点

现代公共空间设计强调效率和办公自动化，这也是由现代人的思维观和价值观所决定的，人们的办公观念强调的是亲和力、凝聚力、节奏以及效率。办公室设计的主要内容包括办公用房的规划、装修、家具、室内色彩及照明设计等。进入21世纪后，智能装修、办公自动化被大量引入室内，随之室内公共空间设计进入了新的历史阶段。另外，现代办公空间流行敞开式透明化办公和服务，就一个部门的高层领导人而言也一改传统的封闭式“独来独往”的办公取向，更加强调与环境的融合。在装饰选材上则更注重绿色环保，色彩上讲究简洁明快，装修技术上向着集约化、装配化、智能化、配套化方向发展。

优秀的公共空间设计首先是来自对平面的布局和把握，其设计要点首要的是对空间的划分。

1. 普通办公室设计要点

(1) 单人使用的办公室。这样的办公室一般在40～60m² 比较适合，除办公桌、书柜以外，一般还设有接待区域。此类办公空间一般通信设施齐全、家具宽大、配套设备完整，适合于单独办公和接见宾客等。在空间设计上追求简洁精致、尊贵气派，在照明设计上讲究冷暖光线并用，营造一种明快、大方、有效的空间环境。对于空间较大的办公空间，还可以摆放一些装饰品，如地球仪、收藏品、绿化、字画、书籍等（图2.9、图2.10）。

图2.9 序章——梦想基地独立办公室

图2.10 资生堂新加坡办公中心独立办公室

单独一间的办公室在使用上一般比较固定，在平面布局上主要是考虑各种功能区域的划分，考虑人机功能学原理的运用，其设计原则是，既要分区合理，又应避免过多走动。即使是较小的办公室也要强调在空间内办公效率的最大化，就像火车上的软卧、包厢空间设计一样，在仅有的几平方米有限空间内要满足人们在24小时内的起居、阅读、娱乐等基本需求。

(2) 多人使用的办公室。这种空间一般是以部门或工作性质为单位划分的，它以4～6人办公为宜，面积为20～40m²（图2.11）。

在平面划分上首先应考虑按工作的顺序来安排每个人的活动空间，应尽可能避免互相干扰。主过道要宽，公共使用的家具设施、设备要置于门厅较宽敞的地方，要尽量使人和人的视线相互回避。其次，室内的过道布局要科学、合理，避免来回穿插及走动过多而造成时间上的浪费。避免给他人带来听觉和视觉上的干扰，功能分析如图2.12所示。

图 2.11　伊朗化妆品制造商办公空间设计

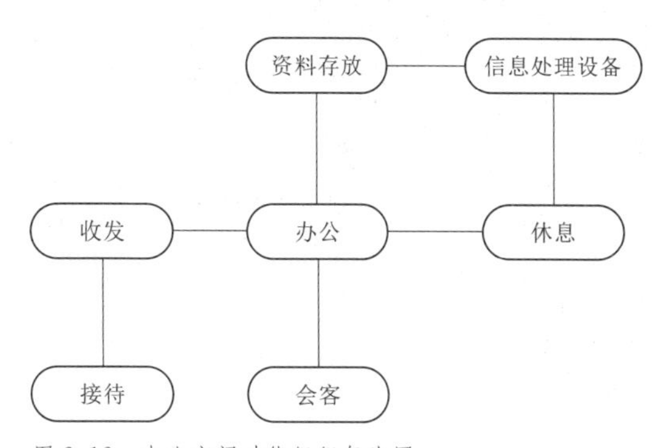

图 2.12　办公空间功能组织气泡图

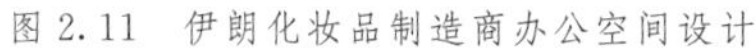

2. 开放式办公室设计要点

开放式办公室也称敞开式办公室，它是将若干个部门置于一个大空间之中，布局尽量考虑相对独立性，同时也要充分体现协作、流动、交流理念。这种工作空间一般是通过较矮隔板或玻璃隔断形成个人相对独立的办公区域。其设计要点包括以下三个方面：

(1) 在平面设计上要便于疏通，桌面两侧要方便与各部门和同事沟通。如果与外界交流较多，还要安排相对僻静或独立的会客区域；如果是对外的服务性部门，还要在适当的地方设有指示牌等。

(2) 室内设计要求自然、清新，办公家具布置要求整齐、有序，并且要设公共流动区域，如临时会议桌、饮水台、打印区等。

(3) 电脑通信设施齐全，公开办事制度一目了然，整体设计简洁明快。色彩上以冷色调为主，暗柜多于明柜，营造出一种愉快、高效的办公气氛。

开放式办公室是目前较流行的一种办公空间形式，它与超市和自选商场的空间氛围相似，这类空间的设计应尽可能满足人们的工作需求，要便于人们沟通交流，同时也要方便领导检查和安排工作。开放式办公空间由于相对暴露，自然地形成了互相监督的氛围。当然，开放式办公室空间的布局是灵活多变的，其办公环境的营造关键是对路线、通道的设计，装饰材料大多选用绿色环保材料（图 2.13~图 2.16）。另外，为了避免在视觉上形成局促感，开放式办公室常将中小型会议空间与办公空间连通。

图 2.13　功能性、高效性和美观性兼具的工作空间

图 2.14　Stylish 巴黎办公室办公区绿色设计

图 2.15 广州琶洲 SOHO 街区开放式办公区实景

图 2.16 工业风办公空间

2.2.2 会议空间

会议室是单位员工展开活动，领导、相关部门开会议事的地方。一般会议室空间为 60～100m^2，供 20～40 人使用。按使用要求可分设大、中、小会议室。会议室的空间配比应符合下列规定：

(1) 中、小会议室可分散布置。小会议室使用面积不宜小于 30m^2，中会议室使用面积不宜小于 60m^2。中、小会议室有会议桌的不应小于 2m^2/人，无会议桌的不应小于 1m^2/人。

(2) 大会议室应根据使用人数和桌椅设置情况确定使用面积，平面长宽比不宜大于 2∶1，宜有音频视频、灯光控制、通信网络等设施，并应有隔声、吸声和外窗遮光措施；大会议室所在层数、面积和安全出口的设置等应符合国家现行有关防火标准的规定。

(3) 会议室应根据需要设置相应的休息、储藏及服务空间。

2.2.2.1 会议室的形式

中小型的会议室一般分两种形式：一种为会议桌形式会议室，即与会人员都围绕一张桌子聚集；另外一种为会见厅，即接见厅形式的会议室，这种会议室没有桌子，只有座椅或沙发，大家可以沿着会议室四周就座。

会议桌形式会议室一般可布置成双层形式，即由两排座椅组成，正前方主席位置除外。它一般是专门为企事业单位高层开会、商议事务的地方，较高级的会议室一般设有多媒体设施，会议主持人背后设有形象墙、电动投影幕，桌面设有话筒和与会人员的名签等。围绕桌子的人一般坐有高靠背转椅、木椅或弓字椅。沿墙也可根据空间大小设置长条座椅或简易软座，方便召开扩大会议而使用（图 2.17、图 2.18）。

图 2.17 纽约 Informa 公司会议室

图 2.18 香港花旗大厦会议室

接见厅形式的会议室也称为贵宾室，这种形式的格局设计，较之会议桌形式会议室，使用起来往往很少，空间利用率不是很高。室内中心一般不设家具而是铺设一块艺术地毯，或摆放一组花木做装饰。会见形式的会议室要突出主宾地位，主宾位置往往靠近室内主墙一侧，最多放置4人座椅和沙发，主宾背后可设背景墙或屏风装饰（图2.19）。

2.2.2.2 会议空间设计要点

单位、企事业部门的会议室空间不同于专业的影剧院报告厅，其空间小，用途单一，在设计上，空间尺度不宜过大。它要求具有一定的聚合力，满足人与人近距离接触、视听和研讨功能。会议室是开会的场所，同时又是放置视听设备的场所，因此会议室设计的合理性与否决定了会议的质量，也直接影响了开会的效率。完整的视讯会议室设计除了可给参会人员提供舒适的环境外，更重要的是，使与会者有一种临场感，以达到视觉与语言交换的良好效果。在选材上尽量使用静音饰材；灯光设置要光亮、柔和，一般设有主体照明、装饰照明；光线效果则以冷暖光线混合搭配为佳；音响则以背景装置为宜（图2.20）。

图2.19 可供休息、交流、洽谈的贵宾室

图2.20 英国Travelfusion公司会议室

现代办公会议空间设计应满足以下四个方面的要求：

(1) 营造实用的空间形态。会议室是功能性较强的场所，不同大小和空间的会议室容纳量不尽相同。在设计时，需综合考虑空间与家具的配比，做到充分利用空间，以实用功能为基础，设计风格主张沉稳、雅致和简洁实用，使人们在会议室中得以充分集中交流和信息交换（图2.21、图2.22）。

图2.21 Allegro波兰总部大楼内独立式洽谈间

图2.22 Allegro波兰总部大楼内自由形式的协作空间

(2) 注重色彩的搭配与调节。现代会议室非常重视色彩的搭配与协调和以此建立的人与人之间的关系，不同的光环境和装饰材料营造出不同风格的室内环境。同时，会议室的色彩也是企业文化和理念的传递，表现出一定的主题和追求。

(3) 充分利用饰面材料。在现代会议室室内装饰设计中，不同特性的饰面材料可使室内空间的设计演绎出不同的风格。一方面要特别注重材料本身与室内空间形象的搭配；另一方面，装饰材料是不断变化的，室内空间的设计风格也是不断丰富的，要充分体现其时代感。

(4) 科学合理处理光源。室内照明作为现代会议室装饰设计手段之一，兼具艺术性和实用性。需充分考虑照明环境的实用性、安全性，同时需考虑光环境的艺术性，烘托空间整体氛围。

作为设计师，要合理探究室内空间中光环境、色彩和装饰材料的搭配应用，从整体设计的角度，使现代会议室形成一个和谐统一的整体。目前现代会议室越来越多地融入高科技手段和技术，工作环境变得更加便捷。如何将其设计得既有利于工作又能营造美的、轻松的氛围，是设计师未来要倾注更多精力解决的问题（图 2.23、图 2.24）。

图 2.23　Doctor Anywhere 新加坡总部办公室

图 2.24　Saatchi & Saatchi 盛世长城洛杉矶总部办公室

2.2.3　多媒体展示空间

多媒体展示空间，实现了公司产品、品牌文化、技术展示、教育功能、图书资料阅读、会议办公功能的全方位结合。因此，其空间设计应强调复合性特征，即不同属性的功能块应根据各自的功能、技术、交通和景观需求进行分析，以实现整体效益的最大化。因此，对多样性和复杂性的关注始终贯穿于功能和格局设计的全过程。

在科学技术飞速发展的推动下，多媒体展示空间的设计早已摆脱了传统的图片展示、模型展示和普通的多媒体展示方式。在新时代高科技的支撑下，多种展示方式应运而生，包括幻影成像系统、电子书翻转系统、DID、LCD 拼接屏、体感互动地图、虚拟驾驶系统、人体场景合成系统、表面声波触摸系统、访客查询系统等。

多媒体展示空间的设计和展示手段要求必须打破过去单一的标准展示空间布局模式，强调布局的灵活性和丰富性。更重要的是，它不仅是一个展示平台，也是设计理念和空间形式的展示，也成为企业最具标志性的展品。它提供的空间体验是整个参观体验过程中不可或缺的核心部分。因此，如何结合各种展示方式创造出多元化、复杂的展示空间，如何将参观体验与空间体验相结合，是该空间设计的重点（图 2.25～图 2.28）。

图 2.25　杭州 JP Lab 复合商业空间大型透光展示台

图 2.26　杭州 JP Lab 复合商业空间传递实验品质精神

图 2.27　南京“BYTON 拜腾”新能源汽车生产基地办公中心

图 2.28　台中 Bolon 办公室设计强调几何形态

多媒体展示空间设计要点应满足以下四方面：

(1) 主题明确。多媒体展示空间要传达什么内容和信息，需要通过鲜明的主题来展示给观众。因此，在进行设计之前，企业必须对主题定位准确，通过相应的焦点产品或者企业自身，再配合适当的色彩、图标与装饰，以协调一致、突出重点的方式来达到传递的效果。

(2) 用户体验出发。企业的展示成功与否在很大程度上取决于观众的兴趣与反应，而从观众的角度出发进行的展厅设计，容易引起观众的注意，并产生共鸣，给参观者留下深刻的印象。

(3) 鲜明的企业形象。多媒体展示空间在设计企业形象方面，要能给客户留下深刻的印象，可以通过的印象墙再加上一些全息投影等技术来实现，让用户从进门的开始，就已经把企业文化植入到了心中。

(4) 布局结构合理。多媒体展示空间布局核心点就是不让用户走重复的路，让好奇心充满整个参观过程，那么在结构上面就要多加注意，要有企业形象区、文化区、荣誉区、产品展示区、产品体验区、未来展望区、休息洽谈区，保证用户在不同的展区能够有不同的空间体验。

2.2.4　报告厅与多功能区

随着计算机技术、视频技术和网络技术的发展，现代报告厅的功能得到了充分的拓展，其表现形式也日益丰富。它不仅要满足会议、报告的功能，更要满足人们利用多种手段、各种媒体，具备展示、讨论、学术交流、娱乐等综合性功能，从而达到报告厅建设的目的，提高其存在价值及社会效益。报告厅概念一般可以理解为中型专用报告场所，它比会议室大，但比影剧院小，是一种适应面广、作用性强、多功能的空间形式，这种空间一般在学校、机关、政府、科研单位用途较广。

现代报告厅空间形式多种多样，有普通矩形、阶梯形、圆形，也有不规则形等。在平面设计上要求有演讲台、观众席两部分，个别设有声控室、休息间、卫生间与消防通道等（图 2.29～图 2.31）。

图 2.29　上汽通用五菱前瞻中心台阶式类影院超 4K 高清 VR 评审室

图 2.30　MOTTOES 上海办公总部多功能厅

图 2.31　传统台阶式报告厅

随着技术的发展与办公新模式理念的出现，人们对于工作空间的认识逐步发生着变化，从传统封闭的格子间到开放式的办公设计，如今多功能区域设计已经成为常态，协作和多功能性有助于现代办公室正常运作。动态灵活的空间需求愈发明显，多功能、多元化的综合性办公空间已经成为主流设计趋势并仍在不断发展延伸。具有多种用途的多功能区设置可以有效地跟上当今快节奏的环境和需求。

灵活的动态空间，可以让办公环境从会议室到工作室，再到安静的、半私人空间实现自由转换。不同类型的空间可使员工专注工作，或让他们振奋精神，满足空间使用者的不同需求。通过多变的空间形态以适应更多办公场景下的使用功能。打造更加灵动、易于协作与活动的办公空间，可以让原本沉闷的办公室灵动起来，形成一种更适合思想交流的环境。多功能厅还需注重文化元素的引入、软文化因素的提取及硬件配置的罗列（图 2.32～图 2.35）。

拓展学习

办公空间课题设计与优秀作业赏析

图 2.32　科技公司 Quattro 办公中心头脑风暴区

图 2.33　珀金斯和威尔·多伦多工作室互动讨论区

图 2.34　上海嘉里中心多功能共享空间

图 2.35　Aldar Properties 阿布扎比总部办公大楼阶梯座

2.3　文教、阅览空间设计

2.3.1　普通教室空间

中小学生的教室容纳人数一般不应当超出 50 人。在桌椅的排列上，第一排课桌前沿距黑板不应小于 2m，最后一排课桌后沿距黑板不应当大于 8.5m。靠内墙一行的学生座位应适当后退或调整视角，以减弱黑板的眩光影响。

在建筑装修上，门窗要求坚固耐用，以保证在清洁时，清洁人员的安全。地面材料应当光滑适度，易于清洗，并不易起灰。室内墙面颜色以浅淡明亮为宜。

在设备上，黑板下边距讲台的高度为 0.8～1m，讲台宽约 1～1.2m，长度每边比黑板长出 0.6～1m，高度为 0.2m。教室中最好设置墙报、布告板、课程表、温度计、广播器、清洁柜等设备。

黑板上方要有较高的照射度，要预设投影屏幕、电视装置等现代教学设施安装空间(图 2.36、图 2.37)。

在实验室的设计上，要求每个实验室应当与准备室相连。一般实验室应当设有较大型、耐冲击且抗压的桌面，室内设有上下水。要提供实验的交流、直流电，专用配电盘。化学实验室要有良好的排风设备，并且考虑门窗的遮光设计，以便于多媒体、投影、放幻灯片和实验之用。

图 2.36　义乌新世纪外国语学校书法教室

图 2.38　法国特雷维林小学教学空间设计

2.3.2　图书阅览空间

图书阅览空间设计应当融入人性化设计理念，应考虑多媒体装置、智能化因素，空间要高大、宽敞、明亮，应满足人们学习、上网、阅读、交流等多种需求，使人在这一空间中感受到学习知识的愉悦，能让人在心理上产生无限遐想（图 2.38～图 2.40）。

图 2.38　汉口小学图书室

图 2.39　美国新罗斯福小学图书室

图 2.40　日本菊池市中央图书馆亲子阅览空间

基于图书阅览空间的特殊性，在装修上首先要考虑吸音、静音功能，天花及墙壁的设计要有岩棉材料、软包或中空玻璃。室内设计要有足够的光线，装修忌浮华。一般较大型的阅览室具有如下 5 种功能：①报刊阅览；②专业刊物阅览；③参考书阅览；④音像制品阅览；⑤电子多媒体信息阅览等。每一个阅览空间均设登记处、服务处。目前普遍采用开放式阅览形式。

电子阅览室是具有高技术水平和新型服务功能的文化信息网点，是依靠全国文化信息资源共享工程的技术平台，方便读者利用网络技术获取资源的公共阅览场所，电子阅览室一般都有电子报纸、杂志、各种期刊、数据库等。

拓展学习

文教空间课题设计与优秀作业赏析

2.3.3 计算机室

计算机室有计算机教室、工作室、智慧教室等多种形式，其特点为空间大、布局紧凑，一般以 20 人以上为一间，多的则达 40 人以上。

计算机室设计是办公自动化的产物，是现代公共空间智能化的充分体现，随着高科技的发展、互联网的普及，这一设计已进入社会的各个角落。计算机室的设计要有静音、隔音的功能，在装修上尤其重视隐蔽工程的埋设，注重防静电材料的选用，特别是地板的铺装尤为重要。另外，主机房与机房要保持相对隔离，通风和排风系统要保持通畅，管线装置不宜过长，以避免流通受阻。尽量避开阳光的直接照射，装修无须浮华。

计算机室的设计要点主要包括以下 10 个方面：

(1) 室内空间设计对地板的要求比较高，一般要采用防静电材料，地板上面最好铺设地毯。地板高度一般为 100～200mm，内设各种管线等。为方便工作和避免线路零乱造成安全隐患，根据具体需要地面应设盖式插线盒。

(2) 计算机室通风、透气功能要好，室内避免干、湿过大，要保持室内恒温。要选择稳重色彩并且较洁净色的窗帘，材料要隔热、避光。

(3) 计算机室在平面布局上不要选择死角，这样有可能影响信号的传输设备在安装前要进行测试。

(4) 在座椅的选择上要舒适，最好选择计算机专用配套家具。家具由于长时间学习和工作使用，尺寸要严格按照人体工程学原理设计，防止造成身体与视觉疲劳。

(5) 空间较大的计算机室一般设双门出入口，便于人流的疏散及设备搬运。

(6) 室内吊顶除正常光照外只是为了隐蔽工程及静音的需要，可不做浮华的装饰。

(7) 家具的摆设要留有足够的过道空间，专业化程度较高的单位一般选择专用的配套家私。

(8) 计算机室设计在形式上一般采用 S 形、T 形、Z 形、H 形为主的设计形式，这样可有效回避人与人之间的相互对视，防止视觉干扰，同时也有利于空气流通（图 2.41、图 2.42）。

图 2.41 某高校云课堂教室设计方案效果图

图 2.42 某职业学院计算机实训室空间设计

(9) 有条件的计算机室要选择室外景观好，景深远的方位，这样可防止视觉疲劳。室内公共空间色调以灰白等中性化色彩为主，防止过多的色彩刺激。

(10) 计算机室在空间设计之前还要考虑空调风扇等设备的安装位置，室内在冬天处于全封闭状态，要注意留出排风的空间。计算机室应铺设防静电地毯，这样既可吸尘又可静音。另外，铺装防静电复合地板也是一个不错的选择。

2.4 医疗、康体空间设计

传统的医院设计提倡“救死扶伤，实行革命的人道主义”这一理念，而现代医院设计更注重的是体现家一般的温馨和人文关怀理念，要融服务、理疗、养护、跟踪服务为一体；既要救死扶伤，又要防患于未然。服务至上是其根本。

2.4.1 医院大厅、走廊空间

(1) 大厅。医院大厅是病人往返、停滞最为集中、密集的场所，是病人、陪患、医护人员来往最频繁的地方。现代医院大厅首先要设有咨询、挂号、取药等必备的功能。其次，要考虑增加等候座椅、医院简介、电子导读等功能，要设计引导指示标识。大厅要与电梯间、楼梯道、走廊紧密相连，以方便患者及家属活动。另外，绿色植物、石木、水体等自然装饰的引入也是现代医疗服务空间设计的一大特色。在空间设计上，大厅的整体风格要宽敞明亮，颜色要明快大方，要设计有醒目、简洁、清晰、易读的视觉传达系统，要有抢救病人、服务患者的标准通道和应急设施（图 2.43～图 2.45）。

图 2.43 温馨友好的医院大厅设计

图 2.44 淄博妇幼保健院大厅设计

(2) 走廊。走廊设计要宽敞，其宽度要在 2.5m 左右，这样有利于方便救护车、推车、担架等的活动。照明要充分且柔和，色彩要明快，不可使用纯度过高、刺眼的颜色（图 2.46)。出入口要另外设有坡道、扶手，要有明显的导示牌装置。

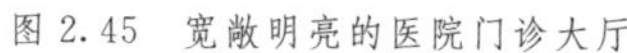
图 2.45 宽敞明亮的医院门诊大厅

图 2.46 上海市徐汇区牙科医院候诊走廊

2.4.2 病房空间

病房空间设计应注意以下 5 个方面：

(1) 病房中每个床位所占面积：单人病房为每床 9m²；多人病房为每床 6m²。

(2) 多人使用的病房可设置遮挡用的帘幕，给病人提供一定的私密空间 (图 2.47)。

(3) 病床间通道应考虑平车通行。门的开口宽度及病房内家具的布置应给推送病人的手推车留出必要的走道宽度。

(4) 病房内空间要尽量简洁，避免曲折和凸凹不平，以免病人和医护人员行动不便。室内应设应急电铃，门口、墙角宜作圆角处理，以免碰撞。

(5) 在色彩设计上，多以中性、柔和的色彩为主，避免过多的纯色出现，室内光线以柔和为好。

图 2.48 所示为病房空间设计功能分析图。

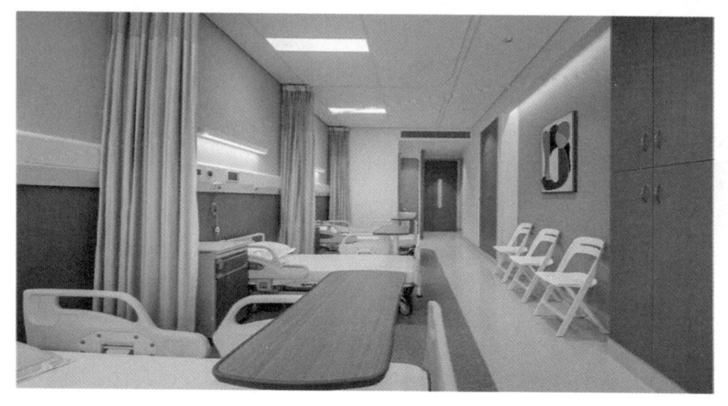

图 2.47 嘉兴凯宜医院病房实景

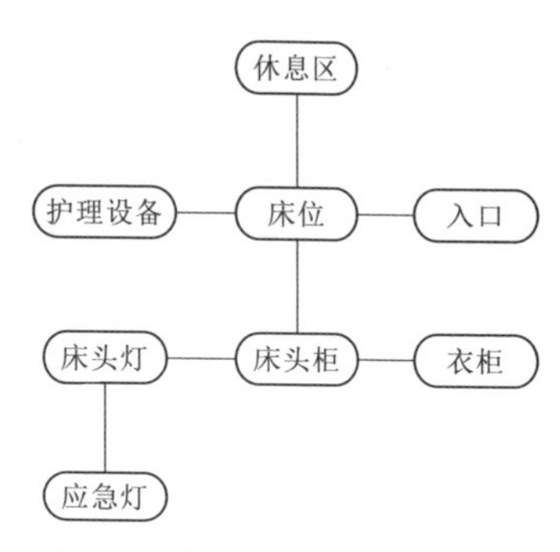

图 2.48 病房空间设计功能分析图

2.4.3 咨询空间

咨询空间是一个服务性的窗口，一般是用来迎接刚入院的患者及患者家属的场所。除具有相对较大的空间尺度外，咨询区域往往设计在大厅中央易于看到的地方，咨询台一反过去的封闭形式，设计成趋于低矮的开放式，并设有供患者咨询的专用座椅。较大型的机构还配有电子查询系统、医疗指南等硬件设施，如图 2.49、图 2.50 所示。

图 2.49 嘉兴凯宜医院大厅咨询区

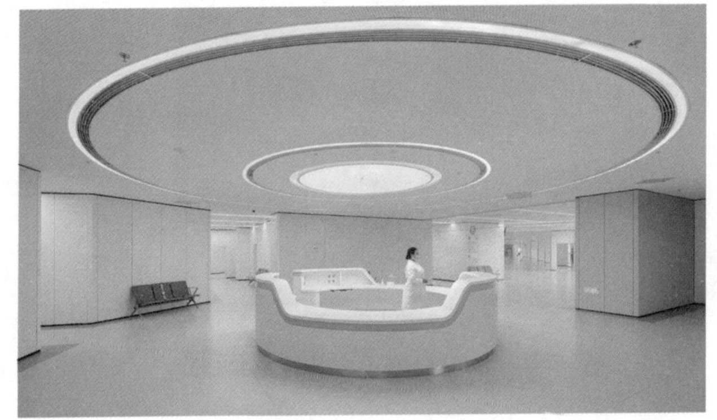

图 2.50 长春中医药大学附属第三临床医院门诊区咨询台

2.4.4 治疗空间

宽敞、明亮、卫生、洁净的空间环境是现代治疗空间不可或缺的重要条件，除此之外，还需要与优质的服务、先进的设备相结合。现代的治疗空间一反传统的治疗模式，在空间设计上，重视环境对患者的辅助治疗作用，自然的景色、绿化的配置、柔和的灯光、导向的色彩及轻盈的音乐都有助于患者的治疗，使患者在这样一个温馨的空间里积极配合医生的治疗；使病人放松心情，有助于提早康复，如图 2.51、图 2.52 所示。

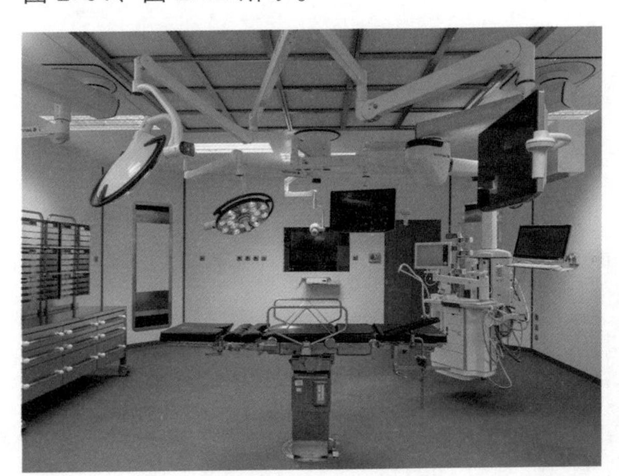

图 2.51 米兰圣拉斐尔医院新外科和急救中心手术室

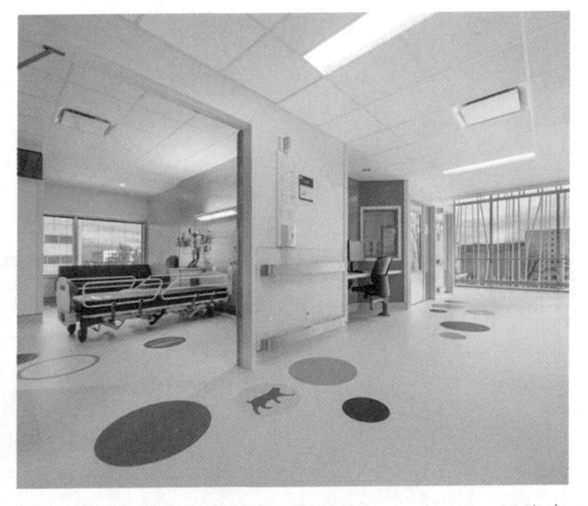

图 2.52 加拿大蒙特利尔 CHU Sainte - Justine 医院产妇单间病房

2.4.5 等候区

现代医疗空间中的等候区遍布整个医院，这是由于医院这一特殊场所的性质决定的。为了更好地满足患者及家属的需求，各门诊、科室、治疗区域设有等候区。简单的等候区可以设在较宽敞的走廊中，有条件的医院还可设专门的等候房间，里边不仅有桌椅，还设有电视、报刊架等，有的专用等候区还可以和治疗区合并。总之，等候区要给患者和家属以温馨感，设计上要科学、合理，有宾至如归的感觉。在灯光的处理上，要以中性或暖色调为主，色彩运用以明快柔和为主，如图 2.53 所示。图 2.54 所示医院大厅等候区不但提供了休息、等候专用椅，还设有供儿童骑坐的玩具设施。

图 2.53　嘉兴凯宜医院中庭等候区

拓展学习

医美空间课题设计与优秀作业赏析

企业设计案例 1：康体空间概念设计

图 2.54　上海唯儿诺儿科海洋空间站主题大厅等候区

2.4.6　卫生间

现代医疗空间中的卫生间，应重视无障碍设计，这是由于医院的这一特殊属性所决定的。卫生间要有门窗口、净手器、消毒洗手液等。为了方便病人如厕，应尽量避免台阶的出现，要设立坡道，应在坐便器两侧安装把手；天花或者墙壁要安装可以挂放盐水瓶的钩子，多一些扶手等。总之，在设计上要尽可能地为病人服务，为病人提供方便（图 2.55、图 2.56）。

图 2.55　某信息技术公司办公室卫生间设计

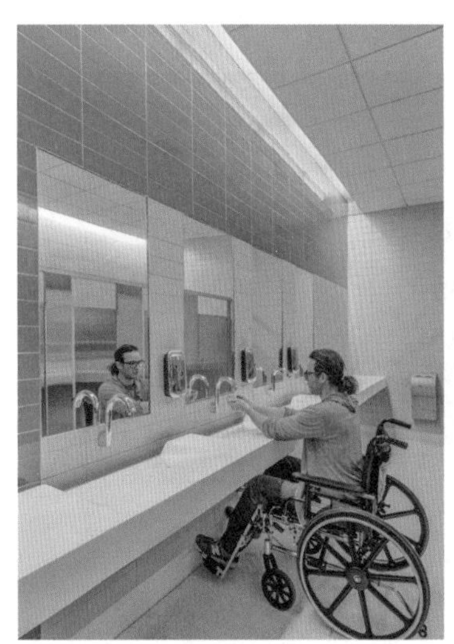

图 2.56　美国最佳康复医院 Spaulding Rehabilitation 卫生间洗手池设计

2.4.7 健身康体空间

随着当今社会的迅速发展，人们的生活压力越来越大，能够起到缓解压力、放松身心的群众体育运动逐渐进入人们的视野。城市居民对日常健身的需求逐步提升，因而体育文化的消费需求也呈现出迅速增长和多样化的前景。近几年，“全民健身”理念已然进入白热化阶段，康体健身中心逐渐兴起。此类空间设计，除了要注重健身器材和项目课程，更要注重店内装修设计，以此打造积极向上、健康阳光的品牌形象（图 2.57、图 2.58）。

图 2.57　莫斯科厂房改造的 Sektsia 健身房设计

图 2.58　长春时光魔方游泳健身中心私教区

健身空间一般由运动中心区域、跑道区域、垫上运动区域、小型练习器械区域四部分组成。现代健身馆设计以宽敞、高大、明亮、现代化为主要特色。它的空间形态设计往往以弧形或矩形加弧形为主，从而形成具有流动感的视觉感受。鉴于使这一特殊空间，设计师要尽量减少由于人的活动而带来的噪声（图 2.59）。

在平面布局上，健身室内空间的设计首先应考虑如下使用顺序：接待、储存、更衣、卫生间、桑拿浴、练习、淋浴、休息等。图 2.60 提供了这类空间设计的功能分析。

图 2.59　俄罗斯 Kometa 黑色健身俱乐部拳击区域

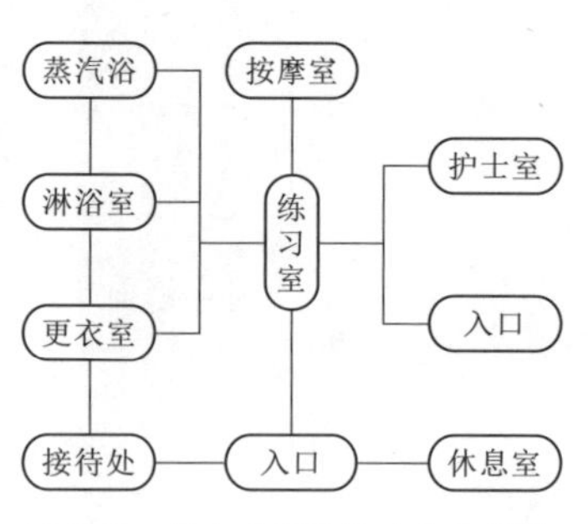

图 2.60　健身空间设计功能分析图

2.5 休闲、娱乐空间设计

2.5.1 游泳池空间

游泳池通常分为室内游泳池、室外游泳池、室内外综合性游泳池及娱乐性为主的戏水池。标准的游泳池长 50m、宽 25m，浅水端水深 0.8m，深水端水深 1.7m，并且分有 2.5m 宽的标准泳道。作为休闲场所的游泳池可以不必强调其标准型，而是强调馆内的配套设施及娱乐性。通过设计构思，去营造一个舒适、洁净、优雅、安全的空间环境。条件允许的情况下可在适当的位置设置安全的跳板和滑水梯。泳池四壁上部要设有溢水管道口，底部要设有排水管道口。游泳池四周地面还要设防滑材料。高级的游泳池还应当设置水温不同的小型按摩池，以供顾客休息和进行游泳前的准备。室内游泳馆屋顶高大，顶面与墙面一般设置大面积玻璃，便于采光，营造出宁静雅致的氛围（图 2.61、图 2.62）。

图 2.61　景德镇陶溪川酒店凯悦臻选酒店泳池

图 2.62　重庆来福士洲际酒店天空泳池

2.5.2 歌厅、舞厅、KTV 空间

歌厅、舞厅、KTV 空间设计要点包括以下三个方面：

（1）歌厅是娱乐性场所，是让人们放松心理一展歌喉的地方，无论大小，空间布局都应尽量自由、活泼，内部也应有明确的分区。歌舞厅的舞池一般要与坐席相邻。如面积较大、条件较好，也可另设相对安静的坐席区及附设酒吧。在座椅的设置上，舞池边多以两人、三人组合形式进行设计，卡座包房多以四人、六人等多种样式组合进行设计，从而形成大小空间多样组合，形成不同尺度家具的格局（图 2.63、图 2.64）。

（2）无论是歌厅、舞厅还是 KTV，其空间尺度应使人感到有亲和力，减少距离感。空间较大的场所应利用家具隔断或其他装饰手法构成尺度相对小巧、亲切的小空间。

（3）包房空间室内设计一般以封闭形式为主，为了避免噪声的折射，营造出一种动感氛围，在造型上多以弧线曲线见长，而在装饰材料的选择上则是以吸音和隔音材料为主。娱乐空间设计功能分析图如图 2.65 所示。

图 2.63　贵阳 ANGLE ANNA 俱乐部 KTV 包间

图 2.64　佛山东方广场心底 KTV 包间

2.5.3　游戏厅空间

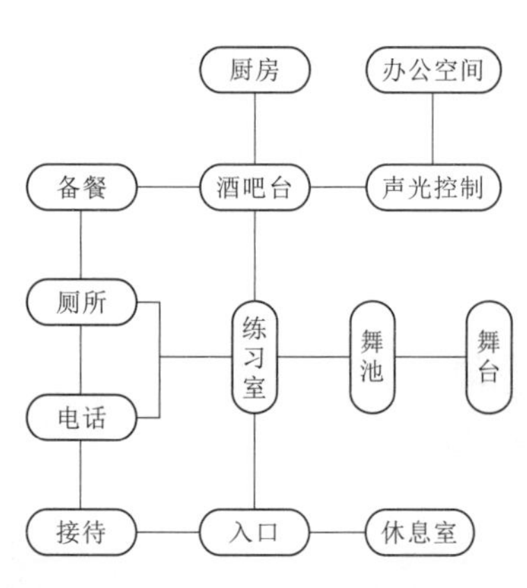

图 2.65　娱乐空间设计功能分析图

随着科技的发展、电子技术的不断升级，人们的游戏活动日益丰富起来。其中游戏厅空间得到了越来越多年轻人的喜欢。现代游戏厅设计主要以电子游戏为主，它是科技发展的产物。游戏厅空间分为普通游戏区域和电子游戏区域两大部分，一般普通游戏区域以传统的游戏项目为主，如赛车、骑马、人物对打、棋牌等，这些游戏项目主要靠手动和半机械化来完成。现代游戏厅设计主要以模拟游戏为主，如太空飞船、赛车、枪击、赛艇等，这些项目主要靠模拟真实环境中的动作为主。如图 2.66 所示，这是电子游戏厅的入口，具有动感的墙面造型，再采用对比强烈的色彩，会使人即刻投入其中。

游戏厅的设计由于受机械尺寸和噪声所限，对于公共空间的尺度一般要求很大，除了满足少年儿童外，还要满足不同年龄、不同阶层人员的娱乐需求，其装饰材料一般要求隔音，灯光设计则以基础照明和局部照明为主，形态及色彩造型要求强烈（图 2.67、图 2.68）。

图 2.66　游艺厅入口空间设计

图 2.67　嘉兴梦多多小镇儿童游乐体验区设计

图 2.68　伦敦室内迷你高尔夫游戏室

2.5.4 洗浴空间

洗浴、桑拿是现代都市生活品质提高的一种表现形式，其内涵样式也丰富多变。现代洗浴空间从功能到设施，从环境到用品一改以往的池式洗浴中洗泡和喷淋这一单调的洗浴模式，逐渐发展为以洗为主、以养为辅、多品种多功能的洗浴模式。洗浴空间可解除都市人生活、工作之劳累，是融休闲娱乐为一体的公共场所，较大型的洗浴空间具体分为：储存区、淋浴区、蒸汽区、桑拿区、火浴区、盐浴区、坐浴区、搓澡区、瀑布区、矿泉区、冲浪区、牛奶区、红外线蒸干区等，附属空间有的还设有理发区、按摩区、客房区、氧吧区等。

另外，较大型的洗浴方式通常分为两种：一种是低温高湿度，称蒸气浴；另一种是高温低湿度，用干燥的热气淋浴，称芬兰浴或俗称桑拿浴、蒸气浴。这些洗浴设备一般都是成套化或装配化采买，也有单独的加热部件可供采买。

现代洗浴空间在装修时要注重各功能区域的合理划分，尽量避免交错和重复的活动及流向；室内空间的材料一般选用大理石和钢化砖，转折和三面拐角处要有弧度，以保护消费者免受伤害。在冷热水管布线上要避免管线过长和转弯过多，灯具使用防雾、防水、防潮的产品。天花板要有一定的高度，在视觉上要有通透感，同时注意通风和排风的设计（图 2.69、图 2.70）。

图 2.69　泰国汤之森温泉水疗沙吞店

图 2.70　莫干山裸心谷裸叶水疗中心

2.5.5 美容、美发空间

传统的理发厅只限于洗、剪、吹三种服务内容，而现代的时尚理发厅则以洗、剪、染、美容、按摩等服务内容为一体，形成美容、美发、养护为一体的全新服务体系。现代理发厅具有较大空间、综合性服务等特征。一些大型专业理发厅，还分设男厅和女厅，提供不同的服务形式和服务内容。现代理发厅的设计应该是综合性的，它提供的服务不限于头发的美化、整理，从发展的眼光看，还包括面部和全身的美容。这类公共空间的功能具有特殊性，设计师要特别重视对座椅、转椅、躺椅及洗面盆的设计和选择。理发厅和美容厅中的座椅要精心选购，座椅的高矮、长短以及起降、转动和拉伸等功能既要符合使用需求，又要具有舒适性。其他家具的造型、色彩、样式等则应随着空间形态、空间大小而灵活选择。

现代美容、美发空间的最大特点就是更加重视照明设计，无论空间大小，基础照明更明亮，整体空间不能留有照明死角（图 2.71、图 2.72）。

图 2.71　天津融创星耀五洲社区形象工作室

图 2.72　俄罗斯圣彼得堡 GLAMY Beauty Spot 美容中心

另外，理发店的服务种类较多，设备使用需求较多，服务流程较长，为避免让顾客来回挪动，设计师在装修上要妥善安排服务操作路线，避免相互交叉干扰（图 2.73、图 2.74）。

图 2.73　杭州杜尚造型万象汇店剪发区和烫染区

图 2.74　杭州杜尚造型万象汇店洗发区

2.6　餐饮、酒吧空间

现代都市生活极大地丰富了人们饮食文化的需求，人们可以依照不同的生活方式，不同习俗、不同主题，选择不同形式、种类的就餐方式。近年来，“数字餐厅”涌现，这类餐厅不仅提供现代化的餐饮娱乐场所，还强调轻松、随意的就餐过程，即它以美味菜品、优雅环境、娱乐休闲功能三者作为经营的侧重点，且进一步以三者融合体的姿态出现，这给室内设计师提出了更新、更高的要求。

2.6.1　餐饮空间

1. 中餐厅空间

中餐厅主要是经营传统的高、中、低档次的中式菜肴，专营地方特色菜系或某种菜式的专业餐厅。在空间布置上，整体设计要舒适大方，富有主题特色，具有一定的文化内涵，布局讲究团圆、对称，室内要体现有中国元素，使用功能要齐全（图 2.75、图 2.76）。

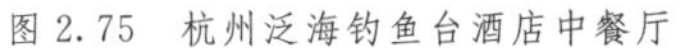

图 2.75　杭州泛海钓鱼台酒店中餐厅

图 2.76　上海佘山世茂深坑洲际酒店中餐厅

拓展学习

餐饮空间课题设计与优秀作业赏析

企业设计案例 2：餐厅概念设计

（1）餐厅空间是人们日常生活的重要场所，其意义不只是为了进餐，越来越多的是享受一种餐饮文化。因此，设计师在考虑设计前，首先要做好定位，其总的设计原则是按就餐人员比例分配空间，特别是餐厅的入口处设计应当宽敞、明亮，避免人流拥挤、阻塞而影响景色。大型较高级的餐厅还要设客人等候坐席，入口通道要流畅，一般应直通柜台或接待台。

（2）餐桌的数量、尺度应根据客人对象而定。布置形式一般分二人座、三人座、多人座。一般来说以零散客人为主的宜用 4～6 人椅、方形桌，以团体客人为主的可设置 6～10 人椅、圆形桌等（图 2.77、图 2.78）。

图 2.77　厦门万象城闽和南餐厅新中式空间

图 2.78　北京“点卯小院儿”京味餐厅建外店

（3）在以便餐为主的餐厅设计上可安排明档间、柜台席、散座等。由于餐厅特色、食品烹调方式的不同，厨房可根据具体情况决定是否向就餐区域敞开。往往敞开的厨房更能赢得人们的信任，同时也是一种风格的体现。现代厨房设计的特点是举架高、开间大、光亮足、现代化。另外，服务台的位置应根据客席的布局灵活设定，大多服务台的位置处于门厅或入口处左侧，且尽量面向大多数客席以方便服务。中餐厅空间功能分析图如图 2.79 所示。

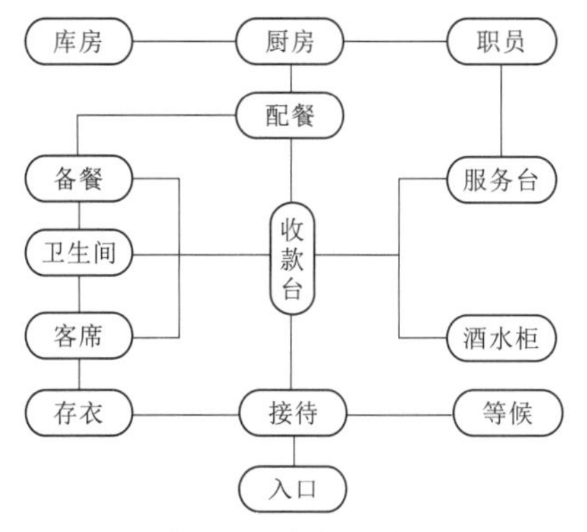

图 2.79　餐饮空间设计功能分析图

2. 西餐厅空间

西餐厅空间环境是按照西式餐饮文化的风格和格调设计出来的，是采用西式菜谱服务顾客的一种餐饮模式。西餐可分为法式、俄式、英式、意式、美式等多种食谱，除了烹饪方法有所不同之外，也有服务方式的区别。由于餐饮空间各有不同功能和要求，同时不同地区、不同菜系、不同档次的空间各有特点，空间布置各有差异，这就要求设计师在设计之初就要从餐厅的策划和定位出发，站在用餐者的角度进行设计（图 2.80～图 2.83）。

图 2.80　上海佘山世茂深坑洲际酒店全日餐厅

图 2.81　中国国家大剧院西餐厅

图 2.82　南京金鹰世界 G 酒店大堂酒吧

图 2.83　大阪 W 酒店餐厅

目前我国的西餐厅主要以美式和法式餐厅为主。法式餐厅在装修上，主要特点是装修华丽，注重餐具、灯光、音乐、陈设的配合。餐厅中讲究宁静，突出贵族情调，由外到内、由静态到动态形成一种高贵、典雅的气氛。

西餐厅的厨房要有明确的功能分区，由于西餐烹饪多半是半成品加工，因此厨房的面积可以略小于普通餐厅。美式西餐的特点是融合了各种西餐的形式，在空间的装修上也十分的自由、现代。这种西餐厅经营成本较低，在中国此类西餐厅极为多见。

2.6.2　酒吧空间

酒吧，顾名思义就是以吧台为中心的酒馆。在酒吧的布局中最重要的就是因地制宜。由于功能的单一性，其注重的不是功能而是风格，酒吧空间大多是非常随意的，这样的特色空间能让人忘却工作的烦恼，身心得到放松（图 2.84、图 2.85）。

图 2.84　北京 Sodoi 酒吧城市公园和街头元素共融

图 2.85　上海倾月西餐酒吧吧台区设计

酒吧空间设计要点包括以下六个方面：

(1) 酒吧空间是公众性、大众化的休闲娱乐场所。其空间设计应尽量显现出轻松随意的感觉。

(2) 酒吧空间的布局一般分为吧台席和坐席两大部分，个别的也可适当设置站席。吧台席区域设有高脚凳，这是因为酒吧的服务员是站立式服务，为了使顾客就座时的视线高度与服务员的视线高度持平，所以顾客的座椅要比较高。吧台座椅与座椅之间的中心距离一般为 580～600mm，一个吧台所拥有的坐席数量最好在 8 个以上，若是座位数量太少，就会使人感到冷清和孤单而不受欢迎。坐席部分以 2～4 人为一组。通常酒吧不进行正餐服务，因此桌面较小，座椅造型也较为随意，常采用舒适围坐型沙发座。

(3) 根据酒吧的性质，应把酒吧的大空间分成若干个小尺度空间进行组合，这样也容易使客人感到亲切。

(4) 一般根据面积决定席位数。通常情况下每席 1.1～1.7m^2，服务通道一般以 750mm 为宜。

(5) 酒吧空间内应设酒品贮藏库。除了展示用的酒瓶和当日要用的酒瓶外，其余的酒瓶都应妥善地放置于仓库中，或顾客看不见的吧台内侧。

(6) 酒吧空间一般以弱光线和局部照明为主。而酒吧的公共走道部分应有较好的照明，特别是在设有高度差的地方，应当加设地灯照明，以突出台阶。吧台部分作为整个酒吧的视觉中心部分，其照度要求更高更亮。酒吧空间设计功能分析图如图 2.86 所示。

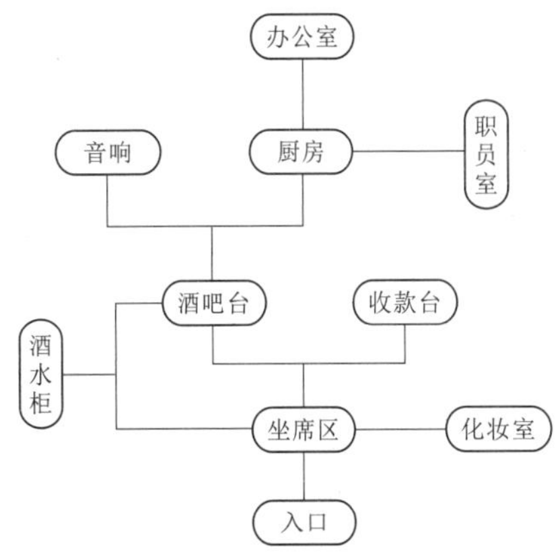

图 2.86　酒吧空间设计功能分析图

2.6.3　茶室空间

茶室是现代都市生活的产物，它和酒吧一样，也是为都市繁忙一族提供一个休闲、放松的场所。饮茶是一种文化，在中国有着悠久的历史。过去的茶馆遍布大街小巷，人们无论是在劳作还是在生活中，茶都占据着重要的位置。现代的茶室不仅继承了传统的茶文化，而且还结合了现代的艺术手法，使茶室空间环境包括家具、色彩甚至茶具的设计更加适合现代人的审美情趣。

茶室的空间设计分为两个部分：第一个部分即茶厅，供多人在此饮茶聊天，空间感为开放性，座位以散座为主，每桌可坐4～6人。第二个部分为茶坊，空间具有一定的私密性，或以屏风、隔断的方式，或以包间的形式出现，一般可容纳2～6人，这个空间一般以请客会友为主。

为了体现茶吧的中国特色，在设计上可采用具有中国传统特色的符号和形象进行装饰，如木质或藤制的家具、纸灯、石头、字画等（图2.87、图2.88）。

图2.87　杭州无界西溪茶室

图2.88　上海地山公社茶生活馆

2.6.4　快餐空间

快餐空间一般以学生、职工、流动人口等中低层次的消费者为主。空间主要设置在商业区域、车站、码头等流动性较强的场所。快餐空间一般装修简洁、有个性。快餐空间设计的好坏直接影响到餐厅的服务效率。这种空间可大可小，在较繁华的闹市中一般有100m^2左右，客人的席位一般以坐席和柜台席为主，在排列方式上尽可能节省空间。

由于快餐空间是以顾客自助方式为主体，在餐厅的分区上一般要区分出动区和静区两部分空间，快餐空间应合理安排行走路线，避免造成流线交叉的情况。

快餐空间的设计要求宽敞明亮，给顾客以舒适放松的心理感受。在色调上应当力求明快，在店面、标志、服装、灯箱的设计上要注重风格的统一，着重突出本店的特色（图2.89、图2.90）。

2.6.5　会馆空间

中国会馆行业是近年来在我国兴起的一种新型的休闲娱乐方式和聚会场所，它冲击着人们传统的休闲娱乐习惯。目前，大型会所除主营桑拿外，还广泛融合餐饮、KTV、美容、健身、客房等多种功能，经营的业务也越来越规范，这是桑拿休闲行业发展的一次历史性跃进和必然的发展趋势，吸引了大量的商务人员前去休闲、娱乐、洽谈商务。由于桑拿的服务范围越来越广、经营越来越规范，家庭消费逐步增长，会馆正成为一些家庭集体周末出游休闲的场所（图2.91、图2.92）。

图 2.89 天津蓝熊轻食快餐厅

图 2.90 武汉 The boots 泥靴西餐厅

图 2.91 中式会馆空间

图 2.92 西式会馆空间

现代商务会馆设计特点有以下四个方面：

(1) 具有多元化、个性化、豪华型、主题性和精品商务化的特点，设计上力求温暖、舒适和安全。

(2) 体现地域文化，在不同的地域下采用不同设计方法体现地域特征。

(3) 新技术、新材料提升了会馆的功能并向绿色环保迈进，客房和浴室空间大，家具考究，灯光设计细致入微，设施高档。

(4) 景观、视线成为新的要素，窗外的景色成为不可替代的延伸空间，以往大堂仅设壁画、雕塑的现象被突破。

进入体验文化和经济时代，会馆空间的目标是为顾客创造一个有价值的体验社区，让消费者享受更高层次的体验。功能包括：餐饮、娱乐、休闲、健身、住宿、洗浴等，主要面向商务人士，中上等以上收入并有一定文化品位的群体。

2.6.6 包房空间

包房空间是私人化的领域，为高消费人群或者对消费环境要求较高的人群设计，使得休闲活动不受外界干扰。包房空间在家庭聚会、朋友聚会、商业活动上使用较多。在形式上分单包、套包两种。单包一般为一桌或两桌，套包为两个房间以上，相当于小型的宴会厅，空间围合形式，可拆分可组合。包房空间的服务方式为送餐形式，较高级的包房需设有洗手间，空间尺度一般在 60m^2 左右（图 2.93、图 2.94）。

图 2.93 南京金鹰世界G酒店中餐包间

图 2.94 云南弥勒东风韵美憬阁精选酒店中餐包间

2.6.7 宴会厅空间

宴会厅这种大尺度空间一般以庆典、举办大型活动为主，使用面积在 200m^2 以上，对称布局、家具统一、装修豪华。此类餐厅要求空间通透，餐桌和服务通道宽阔，可根据具体情况设计简单的演说、表演舞台（图 2.95、图 2.96）。

图 2.95 北京三里屯通盈中心洲际酒店宴会厅

图 2.96 中国国家大剧院多功能宴会厅

2.7 商业、展示空间设计

2.7.1 商业综合体、百货商场空间

现代商业综合体、百货商场空间不仅是顾客购物的场所，也是企业展示自身形象、宣传品牌产品的场所，同时也具有购物、休闲等多种功能。有的大型综合性商场也兼有餐饮、娱乐功能。在艺术设计上讲究室内设计室外化，将室外景观和室内景观融为一体，室内基础照明充足，不留死角。每一楼层，每一功能区域的划分各有特色，但又不失整体的统一性，装修讲究明、透、亮，货架以开放式为主（图 2.97、图 2.98）。

图 2.97 北京首钢园六工汇购物广场

图 2.98 上海瑞虹新城太阳宫南里食集

商场各层的经营类别通常如下设置：

(1) 屋顶层。露天广场、露天茶亭、玩具商亭、游乐广场、屋顶花园。

(2) 五、六层。餐厅街、风味餐厅、西餐厅、咖啡厅。

(3) 四层。儿童服装、儿童用品、婴儿用品、儿童培训机构。

(4) 三层。男士服装、西服套装、领带、衬衫、男士鞋、体育用品、运动服。

(5) 二层。女士服装、裙子、连衣裙、流行时装、布料、美容美发店铺。

(6) 一层。珠宝首饰、奢侈品、化妆品、服饰、女士鞋包。

(7) 地下一、二层。超市及快时尚品牌、停车场等。

2.7.2 超级市场空间

超级市场这一形式来自西方，20 世纪 90 年代初传入我国，并很快遍布各大、中型城市，成为全新的商业展示形式。计算机管理降低了商品成本，并由柜台式售货发展成开架自选，让顾

客购物更随心所欲，从而扩大了商业机能。

超市最显著的特点是封闭式开架、自选售货和集中收款。超市分大型超市和小型超市，小型超市是随大型“沃尔玛”“家乐福”等超市的发展而发展起来的。小型超市规模小，经营灵活并渗透到社会各个角落。这种便捷的购物方式为居民提供了极大的方便，并日渐形成了众多连锁经营的自选商店。

由于超市对商场的博弈，使商业空间布局也相应发生变化，其功能区分更为条理化、科学化，如固定的出入口、促销区、兑奖区，集中式收款台设在入口处附近，这样无形中增大了货场的面积。在这里最重要的是商品种类区分布，干、湿、冷、热和动、静区域要分开设计，特别是通道设计要考虑人、手推车的并行，设计要有科学性、合理性、方便性，要充分体现以人为本的设计思想（图 2.99、图 2.100）。

图 2.99　长沙福来食集果蔬区

图 2.100　宁波福明菜场果蔬摊位

小型自选商场的特点在装修设计上一般重视地面的装饰，地面材料要防滑、耐磨，设计上要有边线、图形划分，最好也起着人流导向的作用，为方便手推车及残障椅行进，地面台阶要设计成坡道，墙面及空中装饰一般选用 POP 形式。大型超级市场要重视引、排风装置，注重消防及逃生通道的设置。

超市的设计要素包括以下五个方面。

(1) 合理有序的分区及通道。首先要考虑的是超市平面功能区域的划分，一般要按照商品的类型进行分区，既整齐合理，又错落有致。在设计中要分出主通道、次通道以及聚散区域，通道宽度从 1～4m，甚至 6m 不等。在各区域空间之外，还存在着人流较大，起分流和疏导作用的公共空间，一般考虑 5～8 人并排穿行的距离，应根据货柜展区的情况来确定人流的宽窄，达到合理地利用公共空间的目的。

(2) 明显的购物导向系统。首先应该在入口设置明显的货区分布示意图，并且在主通道和各个货区设置导向标牌。超市的整体导视系统应给顾客一个清晰购物的顺序，同时还应考虑随季节的不同或货品的变化随时更替，让原本纯功能性的标牌也富有生机，以达到感染顾客情绪的作用。

(3) 充足的照明环境与轻松的购物氛围。

(4) 适量的储藏和辅助空间。超市的商品种类和数量较多，要有足够的仓储空间，以便货品的随时补充。

(5) 收款区和服务台。为方便超市的管理和节省空间，超市采取在出口处统一收款，另外在收款区不远处应设置服务台，为顾客提供储存、售后服务等，还可根据需要设置相应的兑奖台、储物柜等。

拓展学习

专卖空间课题设计与优秀作业赏析

2.7.3 专卖店空间

专卖店具有单项经营商品的特点，它是构成综合百货商场、商业中心、专业市场的基本商业销售单元。一般专卖店可分为同类商品专卖店和品牌商品专卖店两种类型。

专卖店设计的考虑因素有以下五点：

(1) 专卖店空间设计应当根据其经营商铺的性质和服务对象而定。

(2) 空间环境的个性塑造应依据商店的专业性质、场所环境、服务对象、业主要求等内容进行创意设计。

(3) 在专业商店的流线设计中应减少“死角”，合理安排各功能空间。

(4) 展示与陈列设计应以突出商品为基本目的，环境气氛的营造、展示道具的设计必须围绕商店性质和商品特征来进行，主次不能错位。

(5) 专业商店在消防、隔热、通风、采光、除尘等设计中，除符合规范外，还应根据专营商品特点作相应处理。

由于其经营品种的单一，如各种品牌男女时装店，眼镜、钟表、金银珠宝首饰店，书店、药店、纪念品店等，往往面积不可能很大，常见的多为几十平方米到几百平方米。专卖店营销方式有高档化、时尚流行化、品牌化、特色化、多样组合化等形式。其装饰设计也是最为活跃和多样化的。有吸取东西方文化的，有民族地方风格的，有流行时尚的，有庄重大方的，有典雅优美的，有怪诞前卫的，等等（图 2. 101、图 2. 102）。

图 2. 101　上海 Genthil 定制服装店

图 2. 102　上海“苏格拉宁”3C 数码潮品店设计

现代专卖店往往有自己的企业文化和 VI 设计系统，如长虹电器、李宁服装等，企业的理念、行为、视觉识别系统是固定的，不可随意更改。另外，为提升形象，一般都会有一个主要形象区域，将商品及企业品牌通过艺术的表现手法进行展示。

2.7.4 展示空间

随着对外开放和对外交流的日益深入，展示空间设计已悄然进入我们的城市生活，它是市场经济的产物，是对外开放给我们设计界带来的契机。展示设计的中心任务就是要推出企业、表现展品，不论选用哪种形式和方法，都是要达到吸引参观者这一宗旨。

展示空间设计，是指将特定的物品按特定的主题和目的加以摆设和演示的设计。它是以信息传达为目的的空间设计形式，包括会展设计，公共商业环境展示与设施设计，公共服务性场所展示与设计，公共文化场所展示，以及商店、商场内外橱窗展示，货架陈列展示等（图 2.103、图 2.104）。

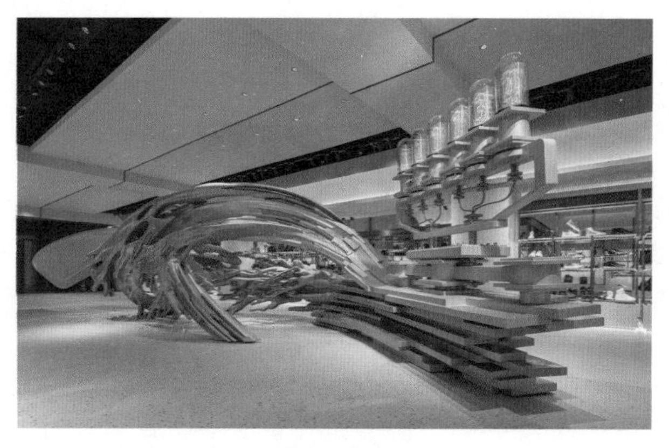

图 2.103　成都 Luxemporium 概念店时间装置

图 2.104　成都 Luxemporium 概念店圆形装置架

展示空间设计的主要特征是：开放性、实物性、参与性、综合性、时空性、从属性、多维性、科技性、效益性和系统性。要在这样一个相对集中的场合体现一定的展示属性，往往需要在设计前期做大量的调查工作。展示空间设计功能分析图如图 2.105 所示。

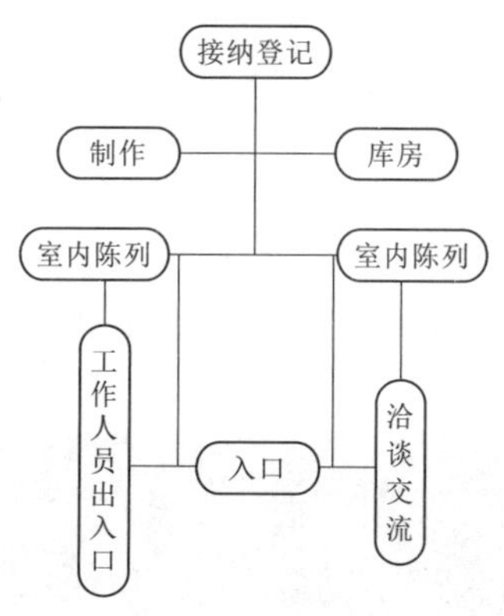

图 2.105　展示空间设计功能分析图

2.7.4.1　展示空间的主要表现形式

（1）中心式。在展厅中间，设置中心展台，并围绕其展开相关内容的展示。适用于主题明确的展览活动，如汽车展览，可以使中心突出，视觉效果集中。

（2）散点式。将多个展台、展具，规则或不规则地排列，形成轻松、随意的展示范围。

（3）线状式。将展台沿着直线或曲线的形式排列，简单大方，是最基本的空间设计方式。展台可以是半封闭的，也可以是开放式的，这是商业性展示活动常见的形式。

（4）网格式。以展位为基本单位，按照网格形态进行排列组合，结构明确合理，给人以和谐理性的感觉，是展示空间构成通常使用的标准组合，适用于贸易类展示的形式。

（5）层次复式。采用局部架设双层走廊或平台的形式，形成高低错落的景观，此类空间不宜用在层高较低的环境中。

2.7.4.2　展示空间设计的主要类型

（1）商业空间设计类。对于具有商业性质的展示活动，在设计展示空间时，要注意空间形态的简洁大方，形状大体要规则，物品展示空间和人流通空间要搭配得当。

（2）文化展示空间类。对于艺术类型如古文物展厅或美术作品展览厅，展示空间设计有较高的艺术要求。在布置展厅时应综合考虑空间形态的变化，空间界面的艺术处理，优雅的室内灯光，柔和的环境颜色，以提高展览的艺术性与观赏性。

(3) 橱窗设计类。橱窗是商业广告的一种形式，目的是展示商品，促进销售。根据展示品性质的差别，橱窗设计可以为场景式陈列、专题式陈列、综合式陈列等几种形式。由于展示形式与展品性质的不同，在设计中所涉及的道具、配景物必须与展品的色彩、造型等方面协调，避免喧宾夺主。

拓展学习

会展空间课题设计与优秀作业赏析

(4) 会展设计类。会展类展示设计由于它在时间上的限制，一般情况下要求组装化、标准化、配套化，特殊情况可以现场施工，其施工形式丰富多样。陈列布局应满足参观线路要求，避免迂回、交叉，应考虑视觉识别系统设计，合理安排休息处、展品区及工作区。会展空间既要方便人员出入，也要方便展品的搬运（图 2.106、图 2.107）。

图 2.106　法兰克福照明展家居区

图 2.107　折叠在园林里的展陈意趣

2.7.5　影剧院空间

一般影剧院设计要点包括以下六个方面：

(1) 现代影剧院空间是较为庞大的建筑，它是融建筑、室内设计、展示设计为一体的综合性场所，其设备之先进，结构之复杂，材料之丰富是其他建筑所没有的。影剧院空间设计要体现以人为本的思想，展现现代化特色。较大型的现代影剧院设计综合性较强，装修设计讲究舒适、豪华，旨在要满足人较长时间的观看及欣赏的活动。因此，现代影剧院设计如何体现大屏幕的震撼力、仿真效果、立体声效果，就显得十分重要了（图 2.108、图 2.109）。

图 2.108　苏州湾大剧院

图 2.109　长沙梅溪湖国际文化艺术中心

影剧院地面一般采用非水平形式，应从后到前，由高到低地进行设计，或阶梯状，或坡道形式。其次，对于天花板的设计一般也非水平形式。为了有效吸声，天花板应富有一定层次感。

(2) 大型的影剧院空间一般设为上、下两层，一层为天井式，二层为U字形，要设共享门厅和休息厅，小型的空间一般合并使用。

(3) 大厅各主要出入口及消防通道要明确位置，观众通道流畅，出入门一般由几组双开门组成。

(4) 设有售票室、保安室、办公室、便利店、演员更衣室、化妆室、卫生间、音响控制室、道具室等。

(5) 室内全封闭装饰，对外一律避光，全部使用室内专用光源。

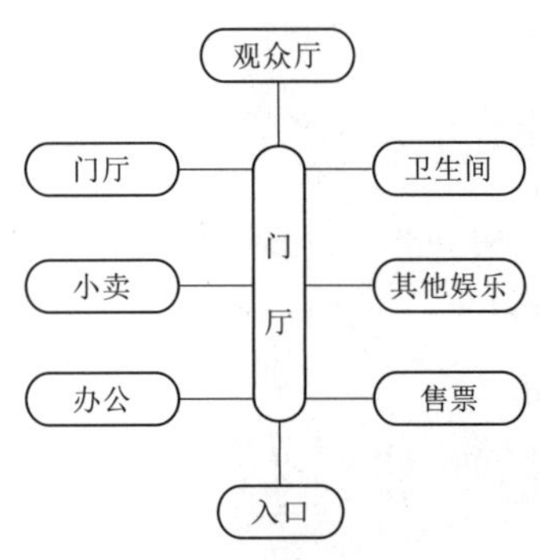

图 2.110　观影空间设计功能分析图

(6) 严格按照消防要求进行设计和施工。在电气照明上，除专业灯光外，一般设有基础照明、装饰照明、重点照明三大部分，应急照明、消防照明要齐全。在装修选材上，必须使用防火及隔声材料。另外，在空间形式上讲究造型多变，凹凸效果，立面装饰以微孔、岩棉、隔声材料为主，色调上以中明度、暗色调为主，以此突出舞台效果。

影剧院设计分前区、后区。前区为门厅、休息厅，空间较大；后区为观众席，其座椅尺寸较大，一般选择透气性较好的软包座椅，这种座椅功能全且舒适，可以调节角度，一般为8～10个座位为一排，行距一般在500mm，以方便中间座位的观众出入。舞台一般高度为500～800mm，进深约10m。图2.110为观影空间设计功能分析图。

2.8　宾馆、客房空间设计

2.8.1　大堂空间

大堂又称门厅，是宾馆出入的厅堂，也是人流导入的汇集口。因此，它是宾馆最为重要的场所。大堂设计的核心是追求空间上的共享，环顾四周时，应给人功能齐全、通道明确、分布合理的心理感受，大堂空间设计功能分析如图2.111所示。

在空间与环境的处理上，要具备游览的空间特色，空旷、壮观的共享空间，亲切、自然的优美环境，给人宾至如归的感觉。设计风格上主张具有亲和力，装饰构件上需给人以安全感，且讲究功能性与艺术性的统一和谐。如今，各个酒店都以新奇的构思展示其独特的风格与品牌形象。

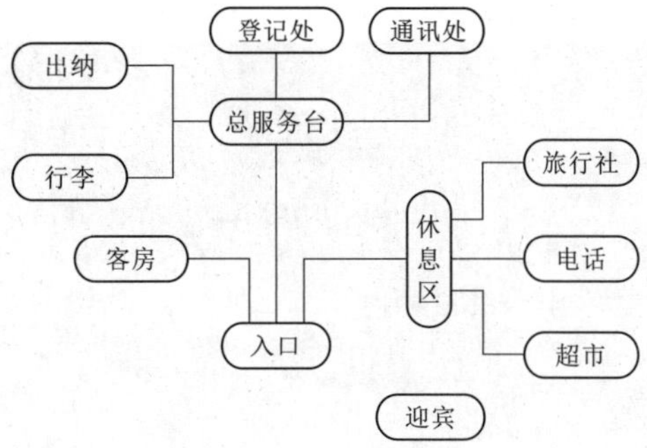

登记处
通讯处
出纳
总服务台
行李
旅行社
休息区
客房
电话
入口
超市
迎宾

图 2.111　酒店大堂空间设计功能分析图

在大堂天花的设计上，要讲究整体气派与装饰格调的统一，并根据装饰和布光相结合的特点。天花的设计方式主要有以下几种形式：光棚式、几何形叠级式、假梁式、木格式、钢丝网格式、平吊式、自由形叠级式等。

在大堂地面的设计上要求耐磨、耐腐蚀、耐清理，一般使用花岗岩、大理石、玻璃砖材料，重点、休闲区域一般铺装艺术地毯。大堂的地面除慎重选材外，还要对地面纹样、图案进行设计，尤其是大堂中央位置一般需要重点点缀（图 2.112～图 2.115）。

图 2.112　广州南沙花园酒店大堂

图 2.113　挪威斯堪迪克酒店大堂

图 2.114　蒙特利尔 Monville 酒店大堂

图 2.115　深圳大梅沙京基洲际行政俱乐部

2.8.2　服务台空间

服务台空间设计要点包括以下三个方面：

（1）接待部分主要包括房间登记、出纳、行李房、旅行社和通讯处等。

（2）接待部分的总服务台应该布置在门厅内最明显的位置，以方便旅客咨询。

（3）服务台的长度与面积应根据旅馆客房数量，按比例灵活确定。

2.8.3　标准客房空间

酒店标准间布局分为双床房和大床房。标准间是房型占据比例最多的客房设计类型，一般其室内设计分为一张大床或是两张单人床两种形式，在商务酒店和快捷酒店中最常看到这样的设计类型。

由于酒店本身造型、结构、开间、进深等的不同，标准间的设计也会有许多变化（图 2.116、图 2.117）。但无论怎么变化，标准间通用性设计要点一般包括以下三个方面：

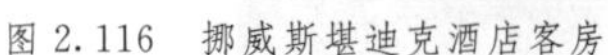
图 2.116　挪威斯堪迪克酒店客房

图 2.117　福州璞宿精品酒店客房

(1) 标准客房每间一般为 2 人，需设有单独的壁柜、卫生间。

(2) 客房内家具布置要以床为中心，床头一般靠向墙壁的一面。其他空间可放置茶几，一对座椅或沙发，写字台、电视机、地灯、行李架一般在床的对面。

(3) 现代客房设计还增加了电脑、冰柜及艺术欣赏品，供客人使用和欣赏，设计中可增加诸如阅读、音乐欣赏等功能。

2.8.4　套房空间

套房的面积比标准房大，且多出一个或两个空间，这个房间的主要功能是供客人商务接待、视听、聊天等使用。一般套房要比其他客房设计得更豪华，如床的规格一般在 2000mm×2100mm 以上，家具齐全，舒适耐用。在材料的选择上，高级瓷砖、实木、壁纸是其首选（图 2.118、图 2.119）。套房主要分为以下四种类型：

图 2.118　杭州泛海钓鱼台酒店套房电视墙

图 2.119　杭州泛海钓鱼台酒店套房沙发区

(1) 普通套房。普通套房一般为两套间。一间为卧室，配有一张大床，并与卫生间相连；另一间为起居室，设有盥洗室，内有坐便器与洗面盆。

(2) 家庭套房。这种套房专为家庭旅游者设计，通常拥有更多空间和设施，适合一家人共同居住。家庭套房提供更加舒适的环境，可能包括额外的床位或其他适合家庭使用的设施。例如，亲子类家庭套房会给孩童提供足够的活动空间，房间的装饰更注重营造亲子氛围。

(3) 商务套房。商务套房是专为从事商务活动的客人而设计的。面积大约为 $50m^2$，一间为起居与办公室，另一间为卧室，功能分区合理，适合商务洽谈、办公等。

拓展学习

企业设计案例 3：酒店室内设计

(4) 总统套房。总统套房一般位于酒店的顶层，具有最佳的景观视野、隐蔽性也较强。面积大约为 $500m^2$，其功能区可分为接见厅、会客厅、多功能厅、总统卧室、夫人卧室、书房、卧房、厨房和卫生间等。总统套房布局合理、安全、高效，装修豪华宽敞、温馨舒适、富有情调。总统套房一般设有独立的专用进出通道，与其他楼层的客人分开。

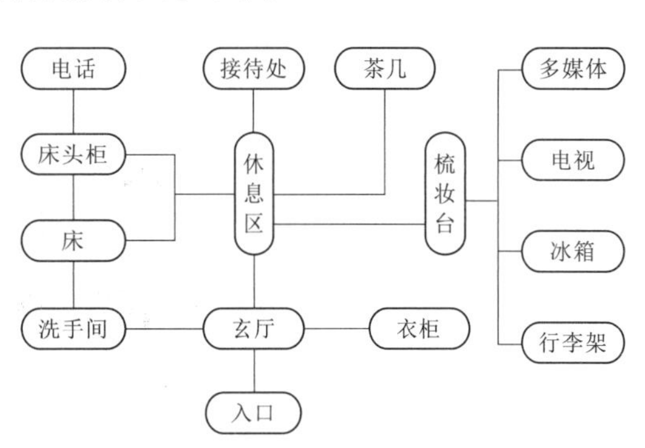

图 2.120　酒店套房空间设计功能分析

酒店套房空间设计功能分析如图 2.120 所示。

思考与练习

1. 简述歌厅、舞厅、KTV 空间的设计要点。
2. 展示空间设计的主要特征是什么?

第3章 室内公共空间设计的原则、方法和程序

第3章课件

【本章导读】 本章主要介绍了室内公共空间设计的原则、方法和程序，希望读者在学习本章过程中理解相关法律法规与标准的重要性并严格遵循，确保设计过程的透明与公正，培养设计师的职业道德素养和严谨负责的工匠精神。

3.1 室内公共空间设计的基本原则

3.1.1 功能性原则

19世纪，美国的著名雕塑家霍雷肖·格里诺提出“形式追随功能”这一改变历史性的口号。美国芝加哥学派的代表人路易斯·沙利文首先将其引入建筑与室内设计领域，即建筑设计最重要的是好的功能，然后再加上合适的形式。设计行为有别于纯粹艺术，其基于功能原则，任何设计行为都有既定的功能要满足，是否达到这一要求，成为判断设计结果成功与失败的一个先决条件。公共空间设计的实用性是室内设计问题的基础，它建立在物质条件的科学应用上，如空间计划、家具的陈设、储藏设置及采光、通风、管道等设备，必须合乎科学、合理的法则，以提供完善的生活效用，满足人们的多种生活、工作、学习需求。

公共空间设计的目的是为人创造良好的公共空间环境，以满足人们在公共空间内进行学习、生活、工作、休闲的要求。现代室内设计要满足各种各样的复杂功能要求，不同的功能要求提出了与之相适应的不同空间要求。例如：商场是为了购物；办公室是为了公务；剧院是为了演出；车站是为了候车等。

随着人们物质与精神文明水平的不断提高，人的行为方式、审美观念和生活习惯的改变，使得公共空间的设计也必须与时俱进。因此，在公共空间环境的设计中，要充分考虑其功能要求，使公共空间的设计更为科学化、合理化、舒适化、艺术化。在设计的过程中，尤其要重视平面布局，要按照人的活动规律处理空间与空间的关系，注意室内的物理环境，家具饰物陈设和整体色调的搭配。

3.1.2　艺术性原则

公共空间设计一方面需要充分尊重科学性，另一方面又需要充分体现艺术性，在重视物质技术手段的同时，高度重视建筑美学原理，创造具有表现力和感染力的室内空间和形象，创造具有视觉愉悦感和文化内涵的室内环境。使生活在现代社会高科技、高节奏中的人们能在心理上、精神上得到平衡，这也是现代建筑和室内设计中面临的科技和感情问题。公共空间设计的艺术性较为集中、细致、深刻地反映了设计美学中的空间形体美、功能技术美、装饰工艺美。室内设计通过室内空间、界面线形以及室内家具、灯具、设备等内含物的综合，给人们以室内环境艺术的感受，因此室内设计与装饰艺术和工业设计的关系也极为密切。

3.1.2.1　室内公共空间的气氛

每当我们进入一个新的环境，或某个空间中的时候，最先感受的往往就是这个空间内的氛围，对每一个具体的空间环境来讲，是否能体现和其他空间不同的性格，这就要求设计必须具有一定的个性特征。在公共空间的设计中，每一个细节都可能对空间整体的气氛有所影响。不同的室内气氛给人的感受也是不同的，室内氛围与具体使用空间的性质、用途和使用对象有关(图 3.1、图 3.2)。

图 3.1　日本大阪 W 酒店门厅

图 3.2　日本大阪 W 酒店酒吧空间

3.1.2.2　室内公共空间的感受

室内公共空间的感受是一个综合的整体评价，是精神功能要求的主要方面，它影响人们在室内公共空间中的情感反应，最终影响对室内空间的使用效益。作为设计者，要充分运用室内设计的各种方式、方法去影响人们的情感、意志和行为。因此，我们在设计过程中，还要了解人的认识特征和规律、人的情感和意志、人与环境的相互作用，只有这样，才能使我们的设计达到预期的目的。另外，我们在做设计的时候，必须使设计符合人的认识特征和规律。从心理学角度来看，对象和背景的差别越大，人的感知力就越强。因此，在进行公共空间设计时，室内公共空间的重点景物、重点装饰和背景的关系，应是相互衬托、主次分明的关系。还可以采用新颖的或动态的对象，引起人们的兴趣。例如室内的小瀑布、喷泉、风车、闪烁的灯光和游动的金鱼等。

为了使室内设计内容更为丰富、理想，可加入联想的手法来影响人的情感。设计时，通过文字、图案、造型、景物的色彩等方法去诱发人们的联想，使人们通过知觉去把握更为深刻的内涵。作为设计者，应力图使室内空间的装饰有使人联想之处，给人以启示和诱导，增加室内公共环境的感染力（图3.3、图3.4）。

图3.3　无锡耘林生命公寓耘林阅府——生活美学体验空间

图3.4　杭州LYF络驿坊万科中城汇共享公寓入口空间

3.1.2.3　室内公共空间的意境

室内公共空间意境是室内环境所集中体现的某种构思、意图和主题，是室内设计中精神功能的高度概括，它不仅能使人有所感受，还能引起深思和联想，给人以某种启示。室内环境如能突出地表明某种构思和意境，那么，它将产生强烈的艺术感染力，并能更好地发挥其在精神功能方面的作用。并非所有的室内环境都要有明确的意境，这要根据建筑类型、性质的不同而有所区别，一些使用功能性较强的建筑，如政府办公楼、学校等，其精神功能就不是那么突出，而对一些精神功能较强的公共空间，如博物馆、纪念馆、主题餐厅等，其性质决定它必须表现某种意境和丰富多彩的构思，它不仅要给人以美感，还要集中表达其主题思想和创意（图3.5、图3.6）。

图3.5　上海奈尔宝旗舰店意识迷宫

图3.6　天津融创星耀五洲社区融果课堂空间设计

3.1.3　技术性原则

现代室内设计所创造的新型室内环境，往往在电脑控制、自动化、智能化等方面具有新的要求，室内设施设备从电器通信、新型装饰材料到五金配件等都具有较高的科技含量，如智能大楼、能源自给住宅、电脑控制住宅等。科技含量的增加，也使现代室内设计产品整体的附加值增加。

3.1.3.1　建筑技术

室内的公共空间设计是技术与艺术的双重结合，它受建筑结构和建筑材料的制约，而室内空间的总体效果在很大程度上依靠一定的建筑技术和建筑材料来实现，所以在研究室内公共空间设计的基本原则时，不得不研究建筑技术与室内设计的关系。

建筑的基本构成要素，一是公共空间的功能；二是工程技术的条件；三是建筑的艺术形象，三者应是统一的整体。因为建筑不仅仅是满足人们对物质的要求，更是精神上的需要。所以它既是物质产品，也是艺术创作。应该说，室内公共空间是建筑的组成部分，因此也需要技术的支持。随着建筑的发展和人们艺术审美观念的变化，人们对室内环境的要求也不断提高。努力寻求新技术、新材料在室内装饰中的积极作用，努力填补室内设计空白也是至关重要的。

3.1.3.2　设备技术

要使公共空间设计具有更高的性能，使公共空间环境质量和舒适程度有所提高，并能更好地满足精神功能需要，还必须最大限度地利用现代科学技术的最新成果。如现代太阳能可分离装置、远红外线控制、现代新风系统设备均可以使室内保持人们所需要的最佳温度，而不受自然界气候变化的影响，极大地提高了室内空间的舒适度；现代的安全装置方面，如烟感报警器、消防器材、自动灭火装置等，这些不但满足了实用功能，而且外观也要考虑造型美观，既增强了室内设计的安全感，又具有一定的装饰性；另外全息投影、数字技术在现代化的公共空间设计中也起着重要作用，这些技术既满足使用功能要求，又为公共空间增添了时代感，具有现代美的基本特征，极大地丰富了现代公共空间设计（图 3.7、图 3.8）。

图 3.7　贵阳 ANGLE ANNA 俱乐部科幻灯光设计

图 3.8　上海易星球虚拟现实游戏站天花 LED 灯

3.1.4　文化性原则

文化是设计的灵魂，公共空间的室内设计既是物质品，又是精神产品，所有的公共空间都存在于某一地城环境中，体现当地的文化特征，这是不同的公共空间设计共有的艺术规律。设计者应充分反映当地自然和人文特色，弘扬民族风格和乡土文化。室内意境的创造是室内设计文化的最高诠释，它不仅使人们从中得到美的感受，还能以此作为文化传导的载体，表现更深层次的环境内涵，给人们以联想与启迪。

我国是多民族的国家，各民族的地区特点、民族性格、风俗习惯以及文化素养等方面存在着很大差异，因此在公共空间设计上也存在较大差异。如新疆维吾尔族人民，他们性格开朗，能歌善舞；而藏族人民，他们具有粗犷、勇敢的性格，这些性格特征反映在室内设计上也就有所区别。设计师要在历史的长河中寻求这种文化，聚焦这些元素，要让设计赋予个性，要体现民族风格和地区特点，以唤起人们的民族自尊心和自信心。任何事物都同时处于空间和时间两个范畴之中，室内设计既受地区、历史、文化、气候等条件的影响，又有自己的风格与特点。现代室内设计既要注重民族风格与地区特点，又要有时代特性。

近年来，我国室内设计者在公共空间设计上涌现出一批优秀作品，取得了不少宝贵的经验，如苏州博物馆、杭州象山中国美术学院、上海天文博物馆等文化空间，通常布局灵活流畅、形态优美、意境深刻，且空间层次丰富，常采用渗透、借景、组景等设计手法（图 3.9～图 3.11）。

图 3.9 苏州博物馆新馆室内空间

图 3.10 上海天文馆身临其境的展览体验

图 3.11 上海天文馆中庭倒转穹顶

3.1.5 经济性原则

所谓设计的经济性，就是指设计师要考虑到经济核算问题，考虑原材料的费用、生产成本、产品价格、运输、储藏、展示、推销等费用的便宜合理，在一般情况下，力求以最小的成本获得最实用、美观和优质的设计。

任何设计并不是多做就是好，奢华就是好，关键是科学合理。设计的目的是满足人们使用与审美需要，且具有实用和欣赏双重价值。华而不实的东西只能画蛇添足，造成能源浪费和经济损失，有的还有可能给人带来危害。因此，设计师要根据建筑的实际性质、不同用途，确定设计标准，不要盲目提高标准，单纯追求艺术效果，造成资金浪费；也不要片面降低标准而影响效果。重要的是在同样造价下，通过巧妙的构造设计达到良好的实用与艺术效果。如图 3. 12、图 3. 13 所示，上海蒙溪菜市场改造项目选用了一种非常特殊的野竹作为主要材料。从设计意图上看，野竹是对“乡村与野性主题”的呼应；从内涵上看，野竹材料充分发挥了“老上海”的浪漫风情。

图 3. 12 上海蒙西菜场城市乡野氛围营造

图 3. 13 上海蒙西菜场竹篱招牌

3. 1. 6 可持续性原则

随着人类对环境认识的深化，人们逐渐意识到解决生态平衡，关注生存空间，注重可持续发展观念，既是 21 世纪环境艺术的宗旨，也是室内设计师面临的最迫切的研究课题。公共空间的设计者和使用者越来越深刻地认识到，室内空间设计是人类生态环境的延伸。从未来发展趋势的角度来看，绿色环保、可持续发展是公共建筑室内空间设计的主要特征。设计师们应更好地利用现代科技成果进行绿色设计，包括功能和运用方面的耐用性、生态资源的开发与利用、生态环境的有效保护，处理好自然环境与人工环境、光环境、热环境之间的关系，大力推广“绿色材料”的运用，节约经营管理成本，朝可持续的生态空间方向发展等。如上海永年菜场改造项目中（图 3. 14～图 3. 16），艺术设计方案是整个室内设计的精髓。室内招牌设计将亚麻作为主要面料，体现出一种自然的质感，也能将自然乡村的品质传递到空间中。钢丝构架的灵活性，亚麻布的可更换性，都是针对食品市场的特殊环境而设计，这是对后世博时代可持续再生设计的经典诠释。

图 3.14　上海永年菜场改造后空间

图 3.15　上海永年菜场麻布店招

图 3.16　上海永年菜场入口场所传达乡野意趣

3.2　室内公共空间设计的基本方法

3.2.1　空间设计方法

室内空间设计是设计师根据设计属性而创造出的建筑内部环境，这个环境包含两层意义：一是物质意义，二是精神意义，两者互为补充，缺一不可。

什么是空间? 在日常生活中，“空”与“实”是相对的，如在一片绿地上铺一张毯子，人在其中就有了自己的相对空间；当一个人在雨中撑开自己手中的伞时，伞下就成了属于自己的空间；当你从窗内向外远眺秀丽山水时，就会产生属于自己的视觉领域。这些都是空间设计不可或缺的基本元素。在建筑与室内的关系中，“空”才能产生室内，空间是建筑的主题，同时也是建筑的目的与内容。而“实”是建筑的结构、材料、框架等，“实”的部分是体现“空”的部分而存在，室内有了空间才能容纳人，就如同一个容器有了空的部分才能盛水。

对于室内空间的多种设计手法，可以归纳成以下几种类型，这些空间形式是基于人们丰富多彩的物质和精神生活的需要，以及我国日益发展的科技文化水平和人们不断求新求异的开拓意识而产生的，同时也必然会孕育出新的室内空间样式。如图 3.17 所示，空间组织排序概括了室内公共空间设计在平面布局上的几种组织类型。

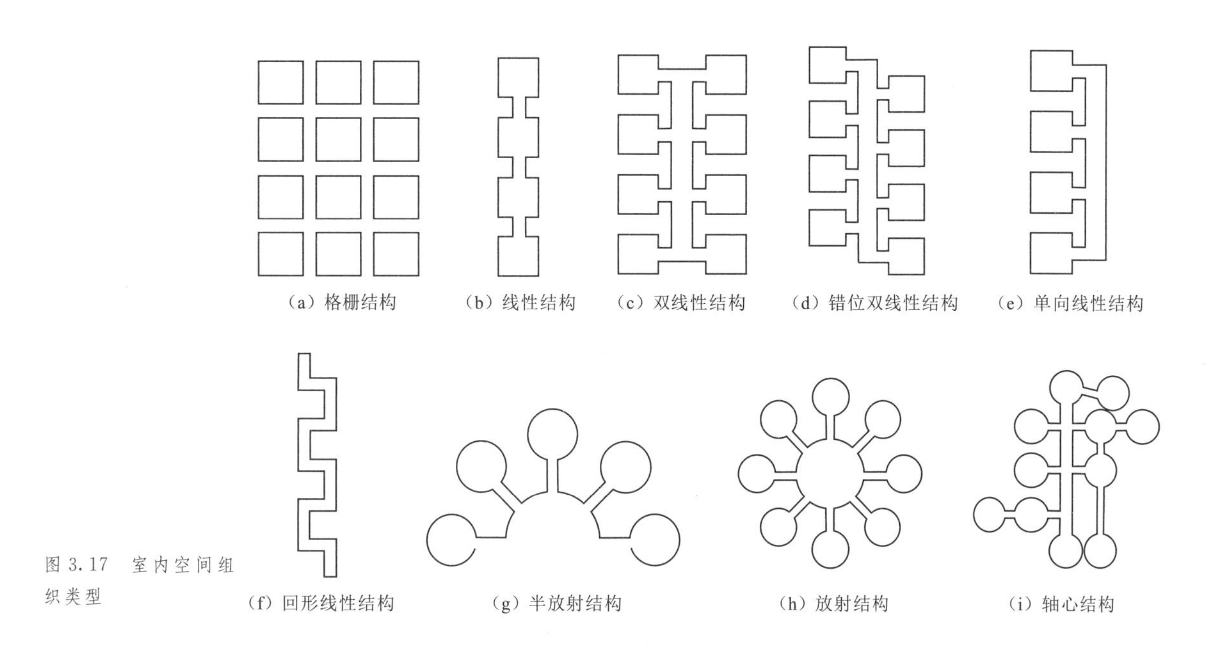

图 3.17　室内空间组织类型

(1) 结构空间。所谓结构空间，即通过对建筑结构的外露来展现结构所形成的空间美。随着科技的发展，建筑结构的现代感、科技感、真实感、力度感和安全感，比起烦琐的装饰，更具有震撼人心的魅力（图 3.18）。

(2) 封闭空间。封闭空间是一种相对独立的空间，是用限定性较高的实体包围起来的空间，具有较强的领域感、安全感和私密性。为了缓解因封闭造成的单调、闭塞，空间往往采用灯光、窗户、镜面、细腻材料、高明度色彩、叠级造型等来扩大空间感和加强层次感（图 3.19、图 3.20）。

图 3.18　湖州浙北医学中心中庭巨型网状结构

图 3.19　长沙 W 酒店酒吧线性天花结构

图 3.20　南昌金地未来 IN 售楼中心潮玩空间过道区（图片来源：易和设计）

（3）开敞空间。开敞空间是相对于封闭空间而言的一种空间设计，它的特点主要取决于是否有界面的存在和界面的围合程度等因素。开敞空间一般用作室内外的过渡空间，具有一定的流动性和趣味性，体现了一种开放性的心理需求。它强调了空间与环境的交流及渗透（图3.21）。

图3.21　天津K11 Select商业艺术中心禅意园

（4）动态空间。动态空间是一种将时间概念引入空间中的“四维空间”模式。动态空间的基调往往是动态的，设计上常常利用对比强烈的图案和动感的线条使空间分隔灵活且序列多变，具有一定的引导性，或者空间中包含一些动态的元素，如喷泉、瀑布、花草树木、禽鸟或变幻的灯光、影视屏等（图3.22）。

图3.22　法兰克福机场体验中心

（5）静态空间。静态空间和动态空间恰好相反。基于动静结合的生理和活动规律，静态空间依然具有重要的位置。静态空间一般来说限定性比较强，趋于封闭型，并且多为尽端空间，它是空间序列的结束，具有一定的私密性（图3.23）。

（6）悬浮空间。悬浮空间是在室内空间的垂直方向上的划分，它一般采用悬吊结构形成。因为上层空间的界面不是靠墙和柱子支撑，而是依靠吊杆悬吊，因此在视觉空间上给人以通透完整的感觉，并且底层空间的利用也更为自由灵活（图3.24）。

图3.23 禅意酒店休憩区效果

图3.24 美国希拉·约翰逊设计中心

(7) 流动空间。流动空间的主旨是把空间看作一种生命的力量，在空间设计中，避免孤立静止的体量组合，而追求连续的运动空间。空间在水平和垂直方向都采用了象征性的分隔，而且保持最大限度的交融和连续。为了增强流动感，往往借助流畅的、极富动态的、有方向引导性的线条进行装饰。在某些需要隔声和保持一定小气候的空间里，经常采用透明度较高的隔断，以保持与周围环境的通透（图3.25、图3.26）。

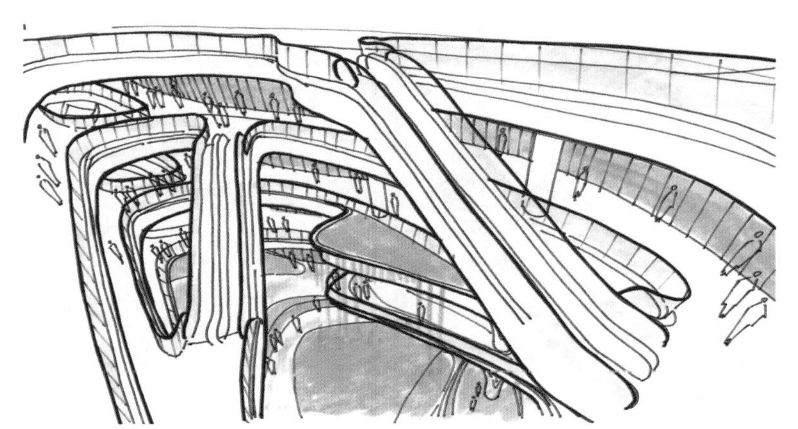
图3.25 天津K11 Select商业艺术中心室内空间设计手稿

图3.26 天津K11 Select商业艺术中心一体化的吊顶与扶梯设计

(8) 模糊空间。模糊空间的范围没有十分完备的隔离状态，它是一种超越功能和形式界限的中性空间。它是将同类型功能的形态融合在一个空间当中，避免用墙体进行硬性分隔，在有限的空间当中创造出无限的使用可能。模糊空间可以借助各种隔断、家具、陈设、水体、照明、色彩、材质、构件及改变标高等因素形成，这些因素往往也会形成变化多端、神秘莫测的围合效果，从而形成不同的设计效果（图3.27、图3.28）。

(9) 共享空间。共享空间常处于大型公共建筑内的公共活动中心和交通枢纽之处，这类空间往往保持区域界定的灵活性，它含有多种多样的空间要素和设施，使人们在精神上和物质上都有较大的挑战性，是综合性、多用途的灵活空间。共享空间经常引用大量自然景物和观光电梯等，使空间充满动感和生命力。如图3.29、图3.30所示，该项目位于上海瑞虹太阳宫，为多层次结构的美食群落。挑高的中庭由三根立柱支撑起伞状采光顶，让美食市集成为整座建筑的焦点。在核心的阶梯景观上，由跳泉开始，从上而下衔接，结合植栽堆栈块体，局部点缀小面积涌泉，表现雨林中的水洼与池塘。该项目力图打造以市集为代表的热闹动态发展过渡到享受精致餐厅的安适与宁静。

图 3.27 杭州“舍·近”设计事务所水吧台全景区

图 3.28 杭州“舍·近”设计事务所楼梯间盒子体块

图 3.29 上海瑞虹天地太阳宫灌木层美食集市

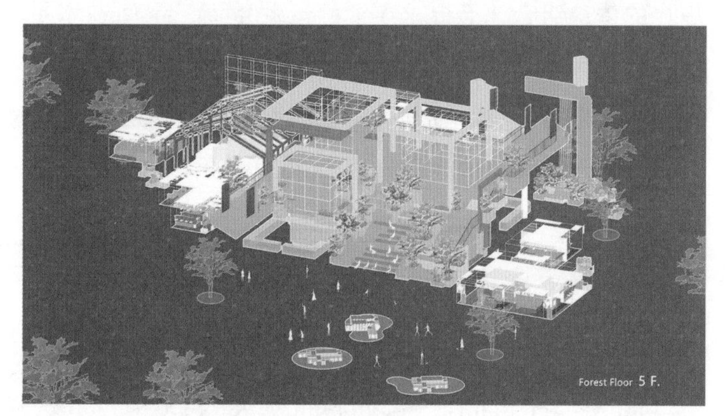

图 3.30 上海瑞虹天地太阳宫五层概念设计

(10) 子母空间。子母空间是对空间的二次限定，具体体现为在原大空间中，用实体或象征手法再限定出小空间的一种空间模式。这些小空间往往因为有规律地排列而形成一种重复的韵律。它们具有一定的领域感和私密性，又与大空间有相应的沟通，是一种满足人们在大空间内各得其所、融洽相处的一种空间形式 (图 3.31、图 3.32)。

图 3.31 杭州 LYF 络驿坊万科中城汇共享公寓二层公区

图 3.32 杭州 Double Win Coffee 快闪店客座区

(11) 不定空间。由于人的意识与行为有时会产生一种模棱两可的现象，“是”与“不是”的界限不完全以“两极”的形式出现，反映在空间中就出现一种超越绝对界限的，具有多种功能含义的，充满了复杂与矛盾的中性空间（图 3.33）。

(12) 交错空间。交错空间是通过多种功能空间之间的交错而形成的一种公共活动空间。它已不满足于封闭规整的六面墙和简单层次的划分，在水平方向上往往采用垂直围护面的交错配置，形成空间的穿插交错，在垂直方向上则打破了上下对位，从而创造出上下交错覆盖、俯仰相望的生动场景（图 3.34）。

图 3.33 北京三里屯番茄口袋旗舰店入口空间

图 3.34 苏格兰议会大厦首层异型结构顶棚

(13) 凹入空间。凹入空间是在室内某一墙面或局部凹入的空间。通常只有一面或两面敞开，受到的干扰较少，其领域感与私密性随凹入的深浅而不同。可作为休息、交谈、进餐、睡眠等用途的空间。凹入空间的顶棚一般要比大空间的顶棚低，以避免破坏空间的私密性和围护感（图 3.35）。

(14) 外凸空间。外凸空间是凸向室外的一种空间形式，它的垂直围护是开有较大窗洞的外墙，这样的外凸空间与室外空间有着良好的融合，视野开阔、独立性较强（图 3.36）。

图 3.35 下沉式休闲区方案效果

图 3.36 西班牙毕尔巴鄂巴斯克政府卫生部总部

（15）下沉空间。室内地面局部下沉，可限定出一个范围较明确的空间，这种空间的地面比周围的地面低，有较强的围护感。下沉的深度和阶数，应根据环境的条件和使用要求而定。在高差边界处可布置座位、柜架、绿化、围栏或陈设物等（图 3.37）。

（16）迷幻空间。迷幻空间的特色是追求神秘、幽深、新奇、动荡、变幻莫测的戏剧般的空间效果。在空间造型上，运用扭曲、断裂、倒置、错位等手法，家具和陈设奇形怪状，以形式为主，不求实用。照明讲究五光十色、跳跃变幻的光影效果，在色彩上突出浓艳娇媚、线型灵动、图案抽象，经常利用不同角度的镜面玻璃的折射，创造出一种古怪、迷离的空间感觉（图 3.38）。

图 3.37　西双版纳悦棠公馆下沉沙发区

图 3.38　上海 R FITNESS 健身工作室由光定义的空间

（17）地台空间。室内地面局部抬高，抬高面的边缘划分出的空间称为地台空间。由于地面高，为众目所向，其空间性格是外向的，具有收纳性和展示性。也可直接把地台面当作座位、床位，或者在台上陈列形象，台下进行储藏和安置各种设备，这是把家具、设备与地面相结合，充分利用这一空间，创造新颖空间的好办法（图 3.39、图 3.40）。

图 3.39　喜茶杭州国大城市广场热麦店——茶田与茶山场景

图 3.40　苏州书一 • 山海集自习室

3.2.2　界面设计方法

室内空间界面主要是指墙面、地面、天棚和各种隔断的设计。由于这些界面它们有各自的功能和结构特点，在绝大多数空间里界面之间的边界是分明的，但有时由于某种特殊功能和艺术造型上的需要，边界并不分明，甚至混为一体。不同界面的艺术处理都是对形、色、光、质等造型因素的科学、恰当地运用。

作为空间的塑造者，设计师要通过所能看到和感知到的设计元素，来体现设计内在的风格和文化内涵。我们所说的设计元素即点、线、面、肌理，包括装饰材料、艺术形象等，它们以静态或动态的形式成为空间界面，以造型艺术的最基本语言来诠释人们所需要的内在精神。

在这里需要注意的是，点、线、面不是孤立存在的，而是通过对比产生的。抽象的点、线、面及所形成的体，可使造型产生明显的形式感。不同的点、线、面、体及其相互关系，可以产生个性差异变化，形成丰富的界面和空间。

(1) 表现结构的面。因结构外露而形成的面具有现代感，自然、大气、节约空间、吸引视线。例如，有些空间的钢木结构屋顶或采光顶棚，管线结构外露的设施，它本身显示出一种结构材质的原始美和韵律美，体现出科技性（图 3.41）。

(2) 表现材质的面。由各种不同材质构成的面可体现不同的设计风格，如混凝土或砖面的墙给人一种粗犷不加修饰的工业感，文化石和泥土墙面则给人一种浓郁的乡土气息（图 3.42）。

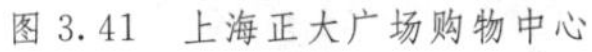

图 3.41　上海正大广场购物中心

图 3.42　深圳觅居酒店大堂竹编艺术

(3) 表现几何形体的面。在空间中，运用简练而富有变化的几何形体，使之相互穿插，可以打破空间的单调感，构成装饰性较强的空间造型（图 3.43）。

(4) 表现光影的面。光影是通过光源与物体结合而形成的一种界面形式。它既可以依附于界面，也可以独立存在于空间中。它既是点光源的并列和连接，也是线光源的延续，或者是界面自身通过内部技术手段发出光影（图 3.44）。

图 3.43 北京三里屯 SOHO“隆小宝”面馆延续“晾面架”概念

图 3.44 北京小仙炖鲜炖燕窝旗舰店燕窝冰库

(5) 面与面的自然过渡。在装修过程中，通过使用同一材质，或进行圆角化处理，使天花与墙体，墙体与地面两个界面自然衔接，形成统一的或延伸的效果（图 3.45、图 3.46）。

图 3.45 成都 BMW 宝马体验中心自由穿梭的开放空间

图 3.46 成都 BMW 宝马体验中心由装置界定的空间

(6) 表现层次变化的面。墙面的层次变化，加强了空间的层次感，在视觉上给人以空间延伸的感觉，改变人们的视觉方向。天花板的层次变化，可以起到限定空间的作用，通过棚顶的高低变化，增加了空间的领域性（图 3.47、图 3.48）。

图 3.47 杭州泛海钓鱼台精品酒店过廊

图 3.48 北京某影视投资公司会所——红影

(7) 运用图案的面。在一些界面的处理上，可以运用一些图案来进行。例如，绚丽多彩的壁画，图案生动的壁毯，或者通过材料图案化处理，来进行装饰，烘托室内气氛 (图 3.49～图 3.51)。

图 3.49　乌克兰亚洲美食街 KITAIKA 餐厅墙绘

图 3.50　杭州 LYF 络驿坊万科中城汇共享公寓装饰墙细部

图 3.51　贵阳“行与形”办公空间休闲区设计

(8) 表现倾斜的面。这种界面打破了常见方形空间的呆板，使室内空间增加了动感。在处理上，可以运用凹入的墙体、弧形的空间、倾斜的吊顶、灵活的悬挂装饰物和可以修饰的斜面隔断。这种空间模式不仅充分利用了空间，还丰富了空间 (图 3.52、图 3.53)。

图 3.52　深圳“一尚门”服装旗舰店

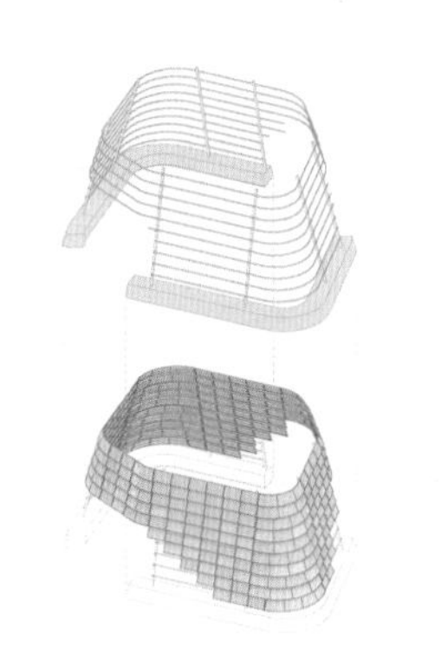
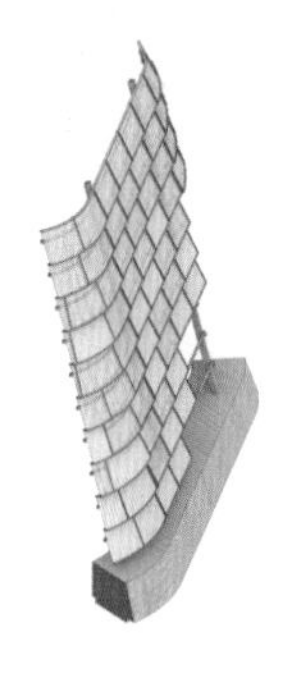
图 3.53　深圳“一尚门”树屋装置概念设计

(9) 表现动态的面。动态的结构 (瀑布、流水、旋转楼梯)、光影的处理 (舞台灯光) 及特殊材质 (用热熔玻璃装饰的墙面) 的运用，都可以形成动态的面 (图 3.54)。

(10) 具有趣味性的面。这是在娱乐空间和幼儿园等空间内常用的界面处理方式。它利用一些卡通造型等趣味形象，使空间更富于活力，娱乐性更强 (图 3.55)。

(11) 开有洞口的面。在界面上开了一些洞口，使限定性的空间减少封闭感，加强了与外部空间的沟通，使之相融合。小面积的开洞还具有艺术装饰的效果，丰富了空间的层次，展示了现代造型艺术 (图 3.56)。

(12) 仿自然形态的面。借助自然形态的材质，接近自然状态。在装修中，各种石材、木材及壁纸、纺织物都可以达到模仿自然的目的。作为调节身心的仿自然环境，是现代室内装饰的一个趋势 (图 3.57)。

图 3.54　某娱乐会所门厅趣味设计

图 3.55　南宁万象汇“玩得乐园”主题区

图 3.56　四川眉山“乐贝”亲子民宿

图 3.57　济南融创未来壹号雨林咖啡厅

（13）有悬挂物或覆盖物的面。在界面上辅以一定的悬挂或覆盖物，可以活跃室内气氛，覆盖物多变的造型也具有很好的装饰效果（图 3.58、图 3.59）。

（14）主题性的面。运用图片或具象的图形衬托空间性质的一种界面处理方式。如绘有音乐、体育等相关图像的主题酒吧（图 3.60）。

图 3.58　高端面料工作室 Siersema 阿姆斯特丹办公室

图 3.59　海洋色调织物模仿动态水波纹效果

图 3.60　苏州七分甜园林主题饮品店

（15）导向性的面。灯光的延续、空间层次的延伸、界面的材质颜色分布，都具有一定的导向作用（图3.61）。

（16）绿化植被的面。绿化是室内空间装饰手法中重要的手段之一。它满足了人们回归自然的心理需求，在阳光充沛的空间内，绿色植物的出现别具一格并充满生机。通过攀沿、悬吊的绿色界面，意境清幽，令人赏心悦目（图3.62）。

图3.61 苏州钟书阁金属彩虹里的书店

图3.62 济南融创未来壹号雨林橱窗展示区

（17）运用虚幻手法的面。不同装饰材料的镶嵌金额穿插，如镜面与气体材料的运用，虚虚实实，给人一种虚幻迷离的空间效果（图3.63、图3.64）。

图3.63 南京万事达KTV沉浸式科幻体验

图3.64 南京万事达KTV以光开展空间叙事

3.2.3 形态设计

形态设计是介于空间与平面之间的有形、有体的形象，如家具、隔断、山体、水体、树木、吊挂装饰等，这些形态在整个空间设计中，具有实用性和装饰性双重意义，同时起着充实空间、丰富空间、调节空间的积极作用。不同的形态设计可以独立于立面与平面之间，而形成一种全新的设计概念。在公共空间设计中，经常调整变换这些形态，重新组合设计，可以对人的视觉心理产生全新的影响。

如果说平面与立面设计是长期的、相对不可改动的话。那么作为这些形态的、动态的设计随着时间的推移就可以自由地、经常性地进行变换。一般来说，公共空间的这些形态要与这个空间所具有的空间性质相协调，尤其是办公空间、行政空间等，但对于较活跃公共场所如商场、大堂、展览空间就可以在这些形态设计上具有多变性（图 3.65～图 3.67）。

图 3.65　马德里 AXEL MADRID 酒店富有趣味的中庭

图 3.66　广州青春书局主展厅设计

图 3.67　越南活力四射的 Libe 旗舰店设计

3.2.4　照明设计

在室内公共空间设计中，厅堂、室内照明的优劣直接影响着室内设计的效果，不同照明和灯具的选择、布置对创造空间艺术效果有密切的关系，光线的强弱、光的颜色及光的投射方式，往往明显影响着空间的大小并会产生不同的感染力。因此，在设计中，不仅要充分考虑照明的功能要求，还要注意用灯光来烘托整个室内空间的艺术气氛。

3.2.4.1　公共空间的照明要求

科学合理的公共空间照明设计，能给人带来长期舒适的视觉感受和产生良好的工作效率，并能配合室内的艺术设计更能起到服务于人和美化空间的作用。

3.2.4.2　照明方式和照明种类

1. 照明方式

(1) 整体照明。整体照明的特点是灯具均匀地布置在天棚上，在室内各个工作面上的亮度均匀，各空间光线都处于明亮状态，整体空间宽敞、明亮，如超市、会议室、办公室、教室等。由于空间性质的不同，整体照明的亮度和要求也是不尽相同的（图 3.68）。

(2) 局部照明。为了合理使用能源，只在特定区域，使用方向性较强的灯具或者利用色光进行重点投光，强调某一对象或者范围内的照明效果，如宾馆客房里设置的台灯、床头灯、落地灯，它们大多配有调光装置以适应休息、看读的需要。要根据不同照明需要采用不同的局部照明，这样才能更好地体现商品，服务于人的需要，达到丰富室内气氛和意境的作用（图 3.69）。

图 3.68　北京 VIVINEVO 香氛艺术馆商品照明

图 3.69　咖啡店室内摆台区照明装置

(3) 装饰性照明。装饰性照明一般是为创造视觉上的空间效果和美感而采取的特殊照明形式，它通常是为了扩大空间的装饰性和增强人们的活动情调，或者为了加强某一被照物的艺术效果而设计的装置（图 3.70～图 3.72）。

图 3.70　无锡耘林生命公寓耘林阅府——生活美学体验空间

图 3.71　秦建置业菏泽项目展示中心照明设计

图 3.72　北京三里屯粤食佳餐厅楼梯区照明

2. 照明种类

(1) 直接照明。灯光的全部或90%以上的光量直接投射到被照射的物体上。如吸顶灯以及宽光束照明，它的照明特点是光量大、明视度高，但易于产生眩光或阴影，不适于与视线直接接触，常用于公共厅堂或局部照明的区域。

(2) 半直接照明。光源60%～90%的光量直接投射在被照射的物体上，而10%～40%的光量经过反射后再投射到被照射的物体上。一般在灯具外，用半透明材料或加设反射板来增加反射。半直接照明的特点是光线较柔和、舒适，常用于商场、办公室、卧室等。

(3) 漫射照明。一般漫射照明是指光源1/2的光量直接投射到被照射物体上。为控制眩光，光线亮度要低一些。这种光线柔和，通常还使用半透明乳白塑胶或毛玻璃做灯罩，使光线均匀地漫反射。

(4) 半间接照明。光源60%以上的光量经过反射后照射到被照射物体上，只有少量光量直接射向被照射物体，起到改善阴影和改善光量的作用。

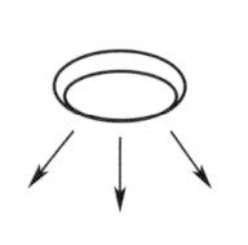
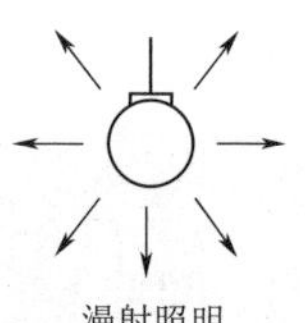
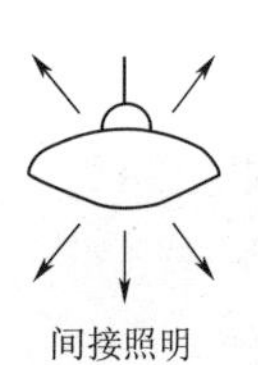

图3.73　照明种类示意图

(5) 间接照明。光源90%以上的光量先照射到墙上或顶棚上，再反射到被照射物体上。该照明光线柔和、不刺目，无强烈的阴影，可营造安静、平和的气氛，有时也有灯槽反射。间接照明常用于餐厅、卧室、观众厅等，如图3.73所示。

3. 室内照明分区

无论采用何种照明方式，室内空间均可将照明划分为三个区域。

(1) 顶面区域。因为顶面区所处的地位比较特殊，照明方式和灯具造型对顶面的装饰效果起到重要的作用。顶面区的灯具要根据空间性质和设计需要而定，一般来讲，面积较大的顶面常用造型漂亮、豪华的灯具群，面积不大的顶面则可以布置得简单一些。顶面区应能达到一般照度即可（图3.74、图3.75）。

图3.74　济南融创未来壹号雨林咖啡厅装饰顶棚

图3.75　济南融创未来壹号——涟漪形态的硬装顶面

(2) 周围区域。处于经常性的视野范围内，其亮度应大于顶面区，不然会造成视觉混乱，影响对空间主题的理解和识别。周围区的照明特别要注意好眩光问题。

(3) 工作区域。由于工作性质和环境条件的不同，对工作区亮度的要求也各不相同。通常应以满足各项不同工作的最低亮度为标准，如有特殊工作照明则可再适当增加照明灯具。

4. 灯具的形式

(1) 吸顶灯。吸顶灯是直接固定在顶棚上的灯具。吸顶灯的一个灯罩内可装一个或多个光源，光源以白炽灯与日光灯为主。照明方式以向下投射直接光，属于整体照明。其装饰性完全体现在灯罩上，常用于居室、走廊、厨房及层高较低的空间（图 3.76）。

(2) 镶嵌灯。镶嵌灯是嵌装在天花板内的隐藏或半隐藏的灯具，如格栅灯、筒灯。其最大的特点是可旋转、不刺眼，整体效果好，装饰性强（图 3.77）。

图 3.76　美国希拉·约翰逊设计中心

图 3.77　萧山万象汇商业空间

(3) 吊灯。吊灯是从天棚是吊下来的灯具。吊式灯具又可分为吊花灯、伸缩吊灯、长杆吊灯和吊杆筒灯等。由于吊灯的造型多种多样，所以吊灯具有极强的装饰性。在选择吊灯时，要考虑室内空间大小、层高以及装饰风格（图 3.78）。

(4) 壁灯。壁灯属于小型灯具，作为墙壁上的装饰性灯具常用于辅助照明，达到既可照明又可装饰的效果。壁灯多用于厅房的支柱和立墙的装饰面上，给人以赏心悦目的亲近之感。壁灯造型与光的漫反射阴影图案，也可丰富竖向墙面的设计（图 3.79）。

图 3.78　日本大阪 W 酒店酒吧空间特色灯具

图 3.79　几何低饱和彩虹图案与灯具融为一体

拓展学习

室内照明设计优秀作业赏析

企业设计案例 4：室内照明设计方案

(5) 轨道灯。这种灯具是一种由轨道和灯具组成的，灯具可在轨道上来回推移，并可转换投射角度，是一种局部强调照明的灯具，适用于商场、餐厅等装饰（图 3.80、图 3.81）。图 3.82 所示为上述所有照明灯具的形式归纳。

图 3.80 杭州 MOMIC 手表品牌集合店照明

图 3.81 上海 Genthil 定制服装店照明

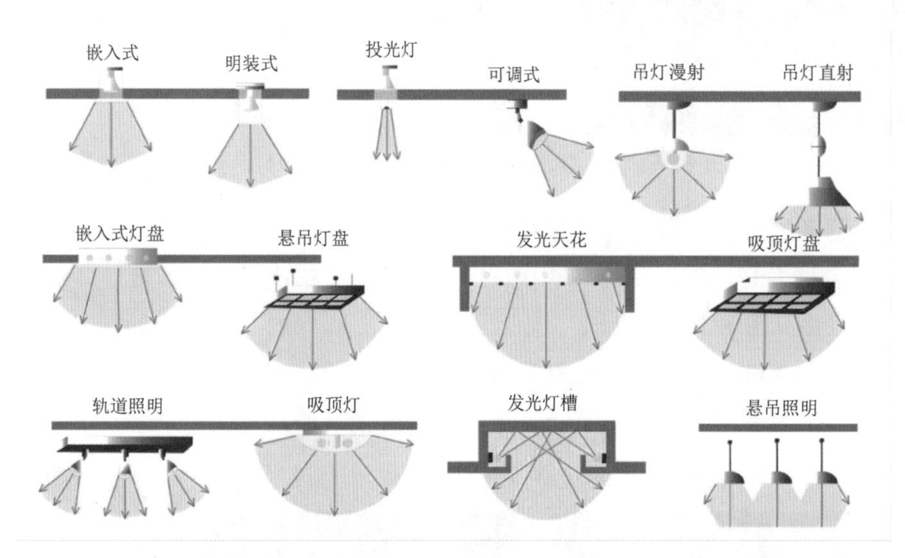

图 3.82 照明灯具归类

3.3 室内公共空间设计的基本程序

室内公共空间设计是一个理性思考和条理化的工作过程。正确的设计思想和方法、合理的工作程序是完成设计的基本条件。室内设计的方法不是简单地论述就能够说清楚的，设计师必须通过系统的学习和大量的实践，才能了解、认识与掌握。

室内公共空间设计程序是：首先，调查了解现场情况；其次，判断、分析和研究建筑结构以及空调等电气设备与室内空间设计的关系；再次设计师用图纸方式表现设计意图，对空间进行分割布局，并把空间创造理念、想法用效果图和其他图纸进行表达；最后，将设计图交业主审定，进一步修改后定稿，并作设计追踪调查。

室内设计的程序是一项严密控制的系统工程，是保证设计质量的前提。根据设计进程一般可分为四个阶段：设计的准备阶段、方案设计阶段、施工图设计阶段和最后的施工实施阶段。

3.3.1　设计的准备阶段

设计师接到任务就上板出图的做法是错误的。设计前的准备工作对设计者来说，十分重要。准备工作指的是与设计密切相关，但尚未展开设计程序的工作。

设计的准备阶段主要包括：

(1) 设计任务书的制定：接受委托任务书或根据标书要求参加投标。

(2) 与业主接洽：设计师不能够单凭自己的喜好进行设计，设计师要与业主进行充分的交流，全面系统地了解和掌握业主的总体设想和需求。

(3) 明确设计内容和期限，制定设计计划进度表。

(4) 现场勘查、收集资料：进行现场勘测调查，查阅资料和学习国家相关规定。所谓的现场调查就是到建筑工地现场了解地形、地貌和建筑周围的自然环境及地理位置，还要进一步了解建筑的性质、功能、造型特点和风格。对于有特殊使用要求的房间，还要进行使用要求的具体调查，并形成翔实的资料，确保设计准确。

(5) 明确项目概念设计：在掌握了各种不同的设计信息资源后，再进行概念设计。面对具体的设计项目，经过酝酿产生出方案的总体方向。实际上就是运用各种分析方式，所做出的总体艺术形象的构思设计（图 3.83～图 3.86）。

图 3.83　上海 Halation Bistro/Lounge 光晕餐酒馆设计手稿

图 3.84　上海 Halation Bistro/Lounge 光晕餐酒馆入口区设计手稿

图 3.85　上海 Halation Bistro/Lounge 光晕餐酒馆酒吧区设计手稿

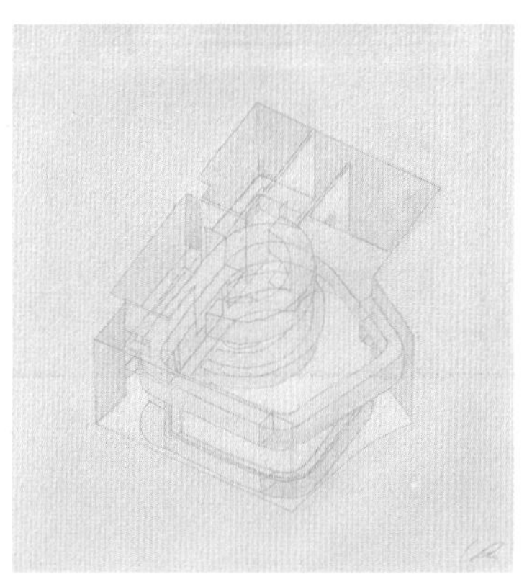

图 3.86　上海静安嘉里中心 Ethai Café 设计手稿

（6）专业协调：与各方面进行专业性的协调工作，如概念设计与建筑结构有所冲突时，必须经过协调工作来进行解决。

（7）签订合同，制定设计进度计划，与业主商议后确定设计费用。

3.3.2 方案设计阶段

（1）进行初步方案的设计：初步设计阶段是确定方案构思的阶段。这一过程包括进一步收集材料、分析资料、构思立意。

（2）确定初步方案，提供设计文件。设计者的构思最终都要以方案设计图来进行表现，从而展示给设计委托者。一套完整的设计图应当包括平面图、天花图、剖立面图、轴测图、效果图及相应材料的样板图和简要的设计说明及造价概算（图 3.87～图 3.92）。

（3）对初步设计方案进行修改和深化。

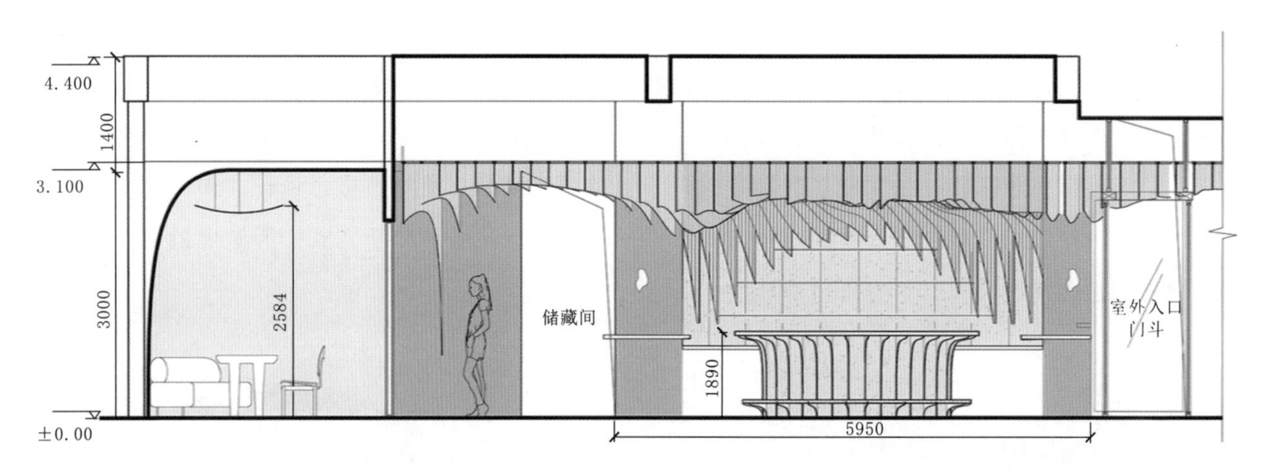

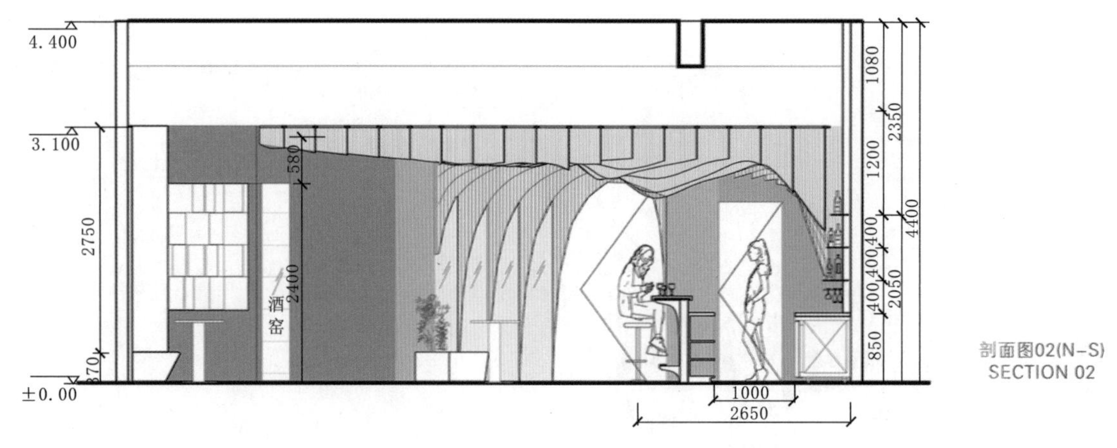

图 3.87 北京云烟——白老虎屯餐厅方案剖面图

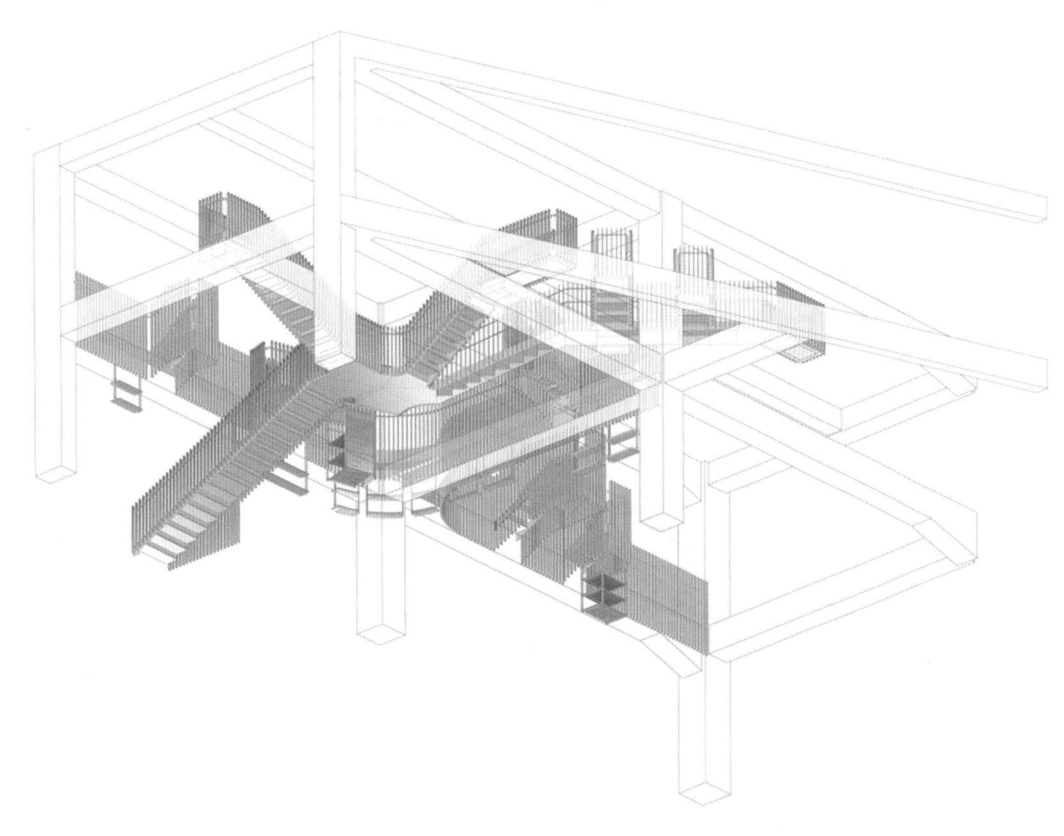

图3.88 北京三里屯gaga美食茶饮店楼梯形态概念设计

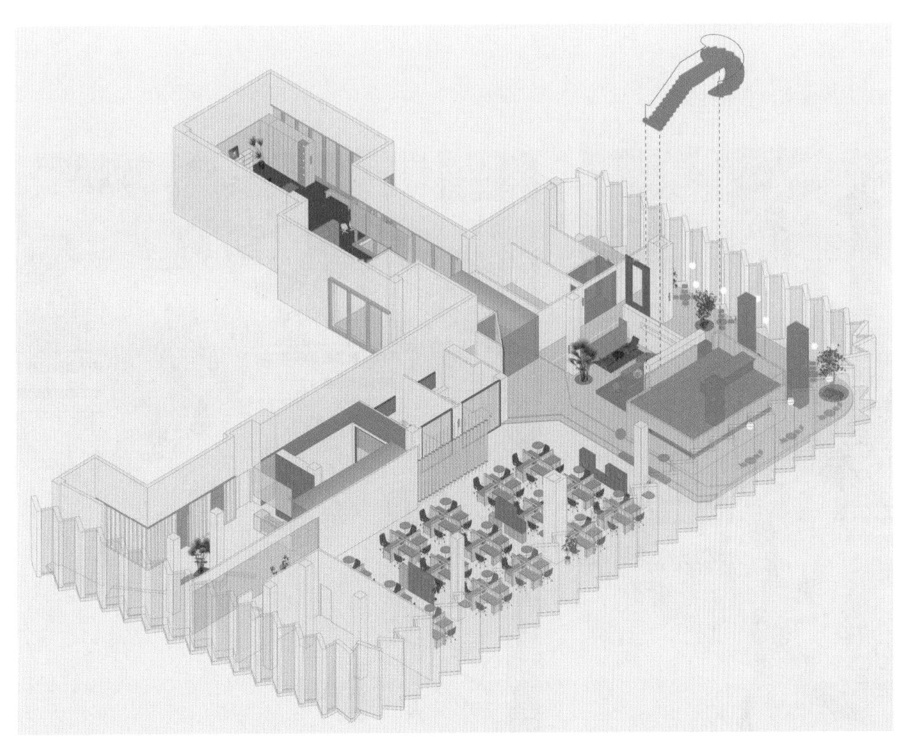

图3.89 杭州Kiddol办公空间轴测分析图

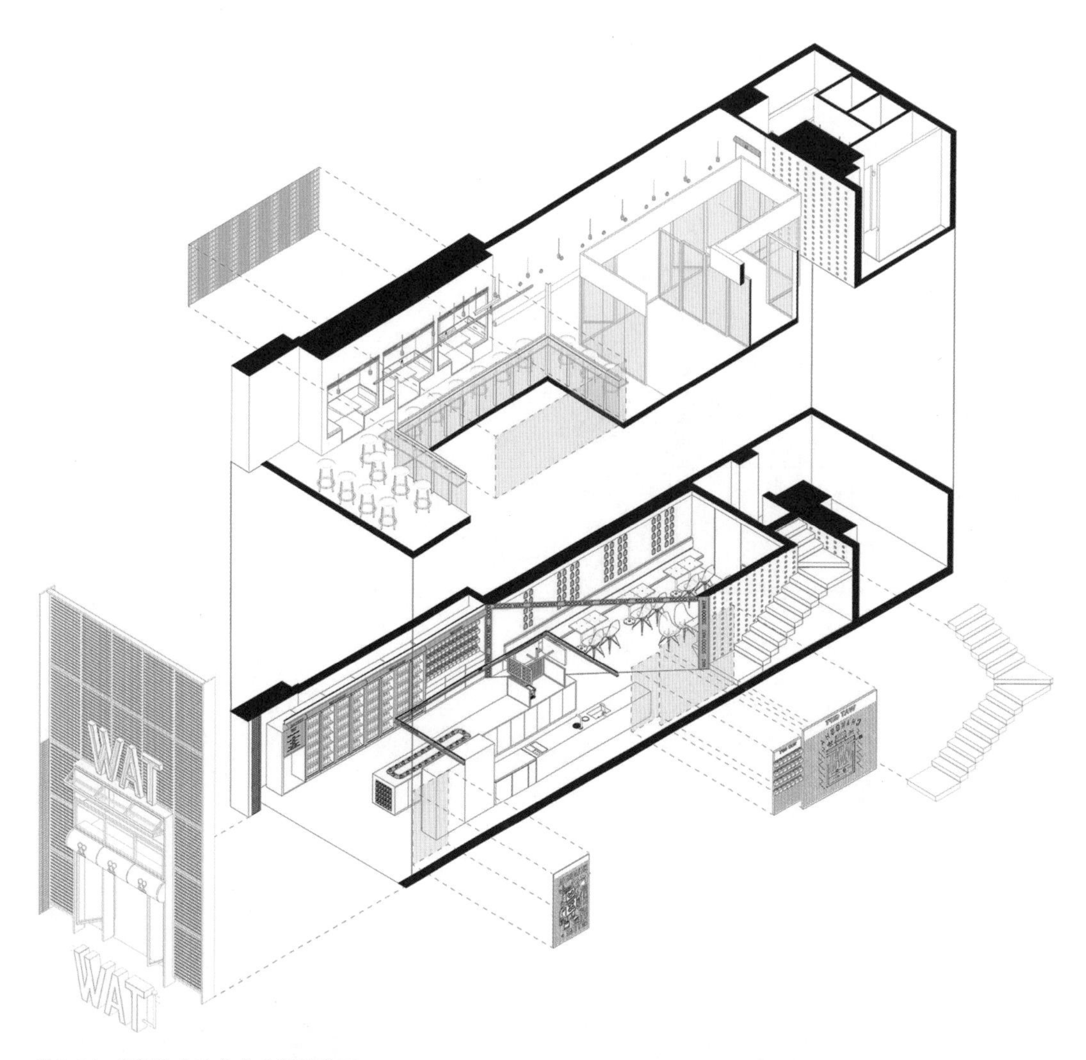

图 3.90　WAT 长沙首店空间爆炸图

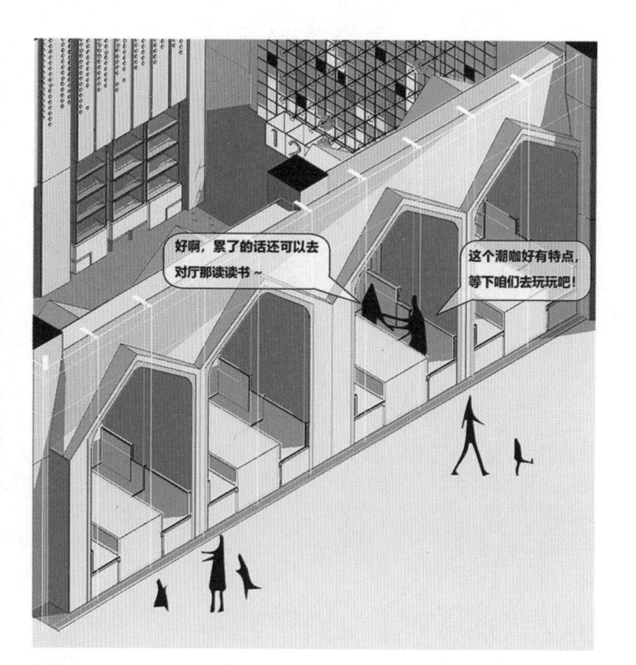

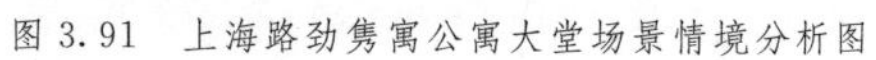

图 3.91　上海路劲隽寓公寓大堂场景情境分析图

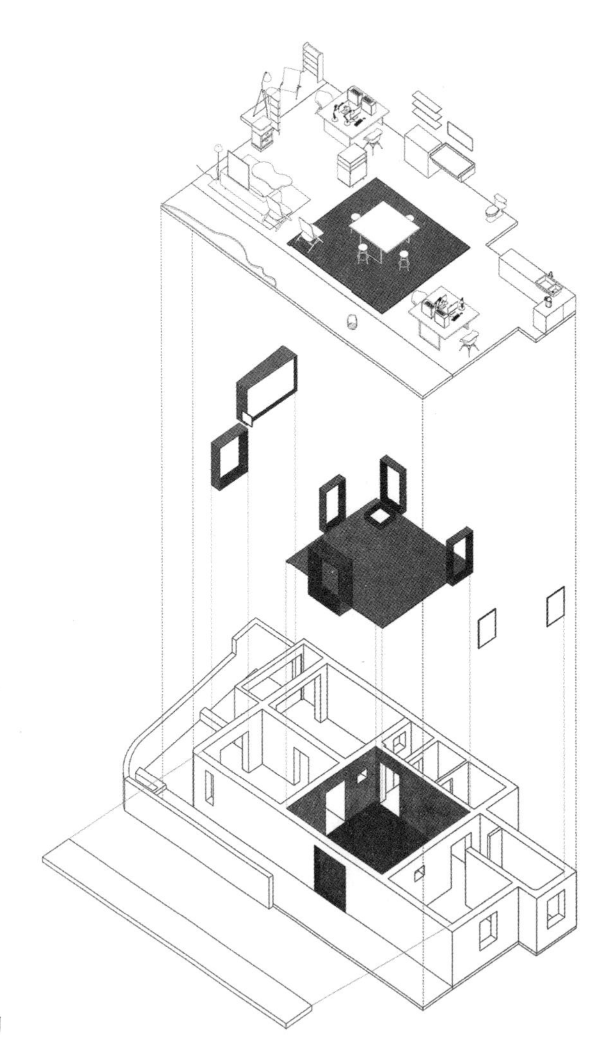

图 3.92 某工作室爆炸图

3.3.3 施工图设计阶段

（1）补充施工所必备的有关平面布置、室内立面图等。

（2）构造节点详图、细部大样图、设备管线图。着重体现材料的连接方式和构造特征，环境系统设备与空间构图的有机结合，界面与材料的过渡方式等。

（3）编制具体详细的设计说明和工程预算。

3.3.4 施工实施阶段

（1）对施工单位进行图纸的技术支持。向施工人员解释设计意图和施工要求，如图 3.93～图 3.106 所示。

（2）根据现场情况对施工图进行必要的修改和补充。由于现场的结构、设施的调整和改动，以及委托设计方的变化，都需要对原来的图纸进行必要的改动。

（3）进行工程验收。

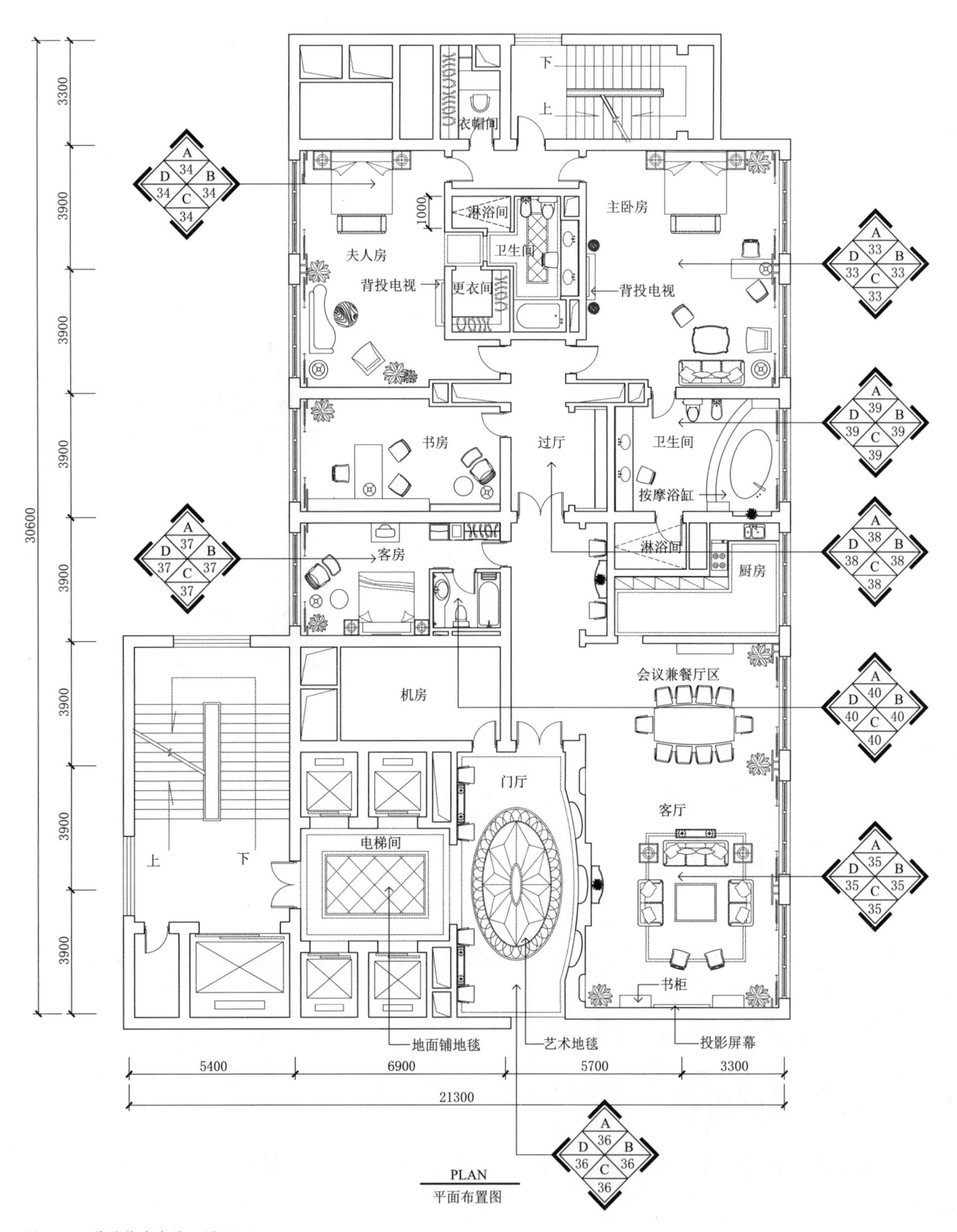

图 3.93 某总统套房施工图（一）

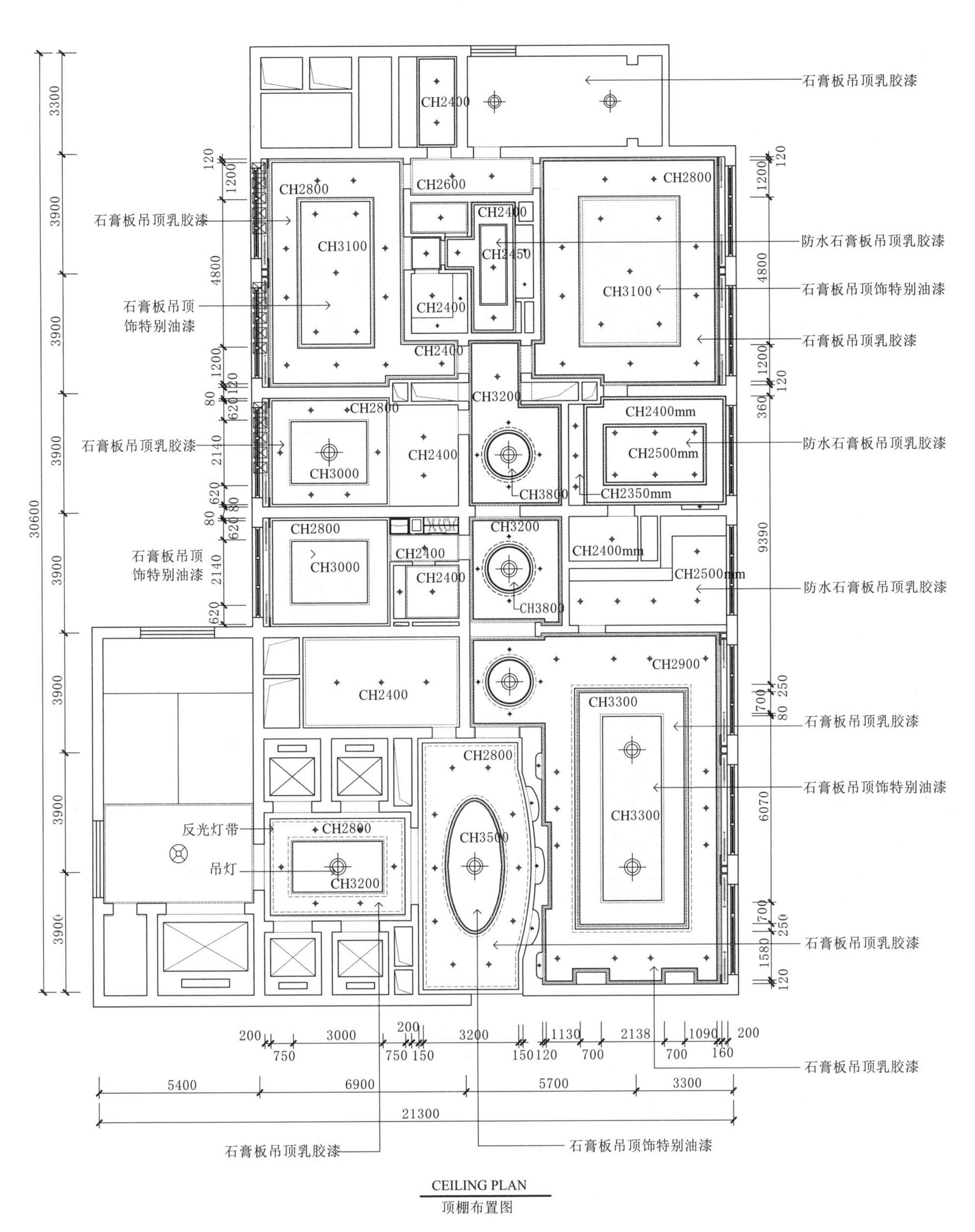

图 3.94　某总统套房施工图（二）

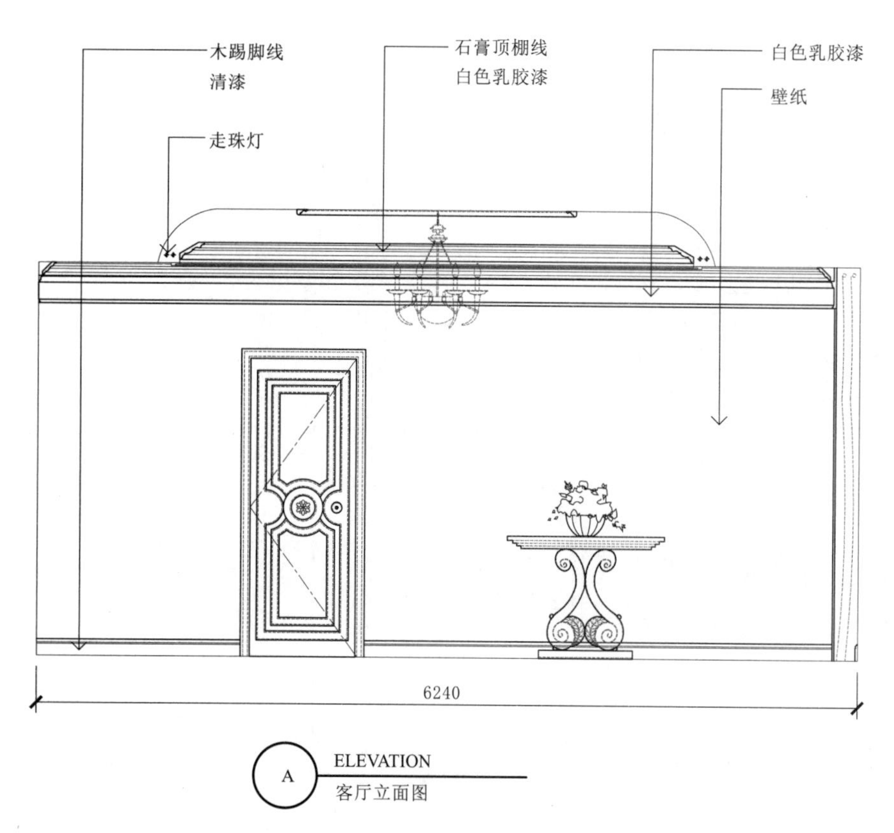

图 3.95　某总统套房施工图（三）

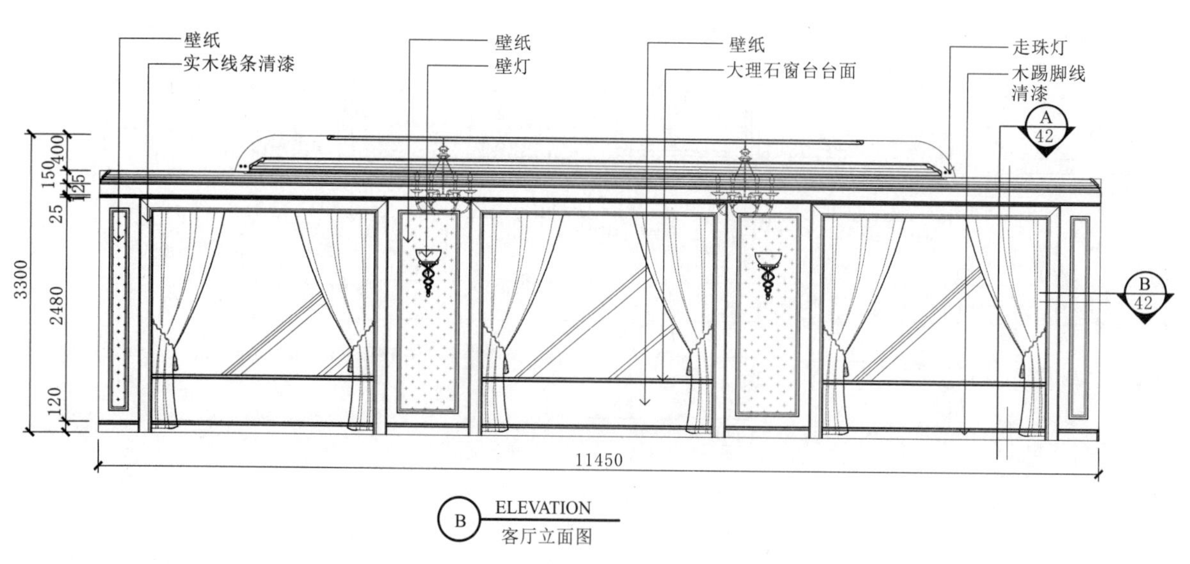

图 3.96　某总统套房施工图（四）

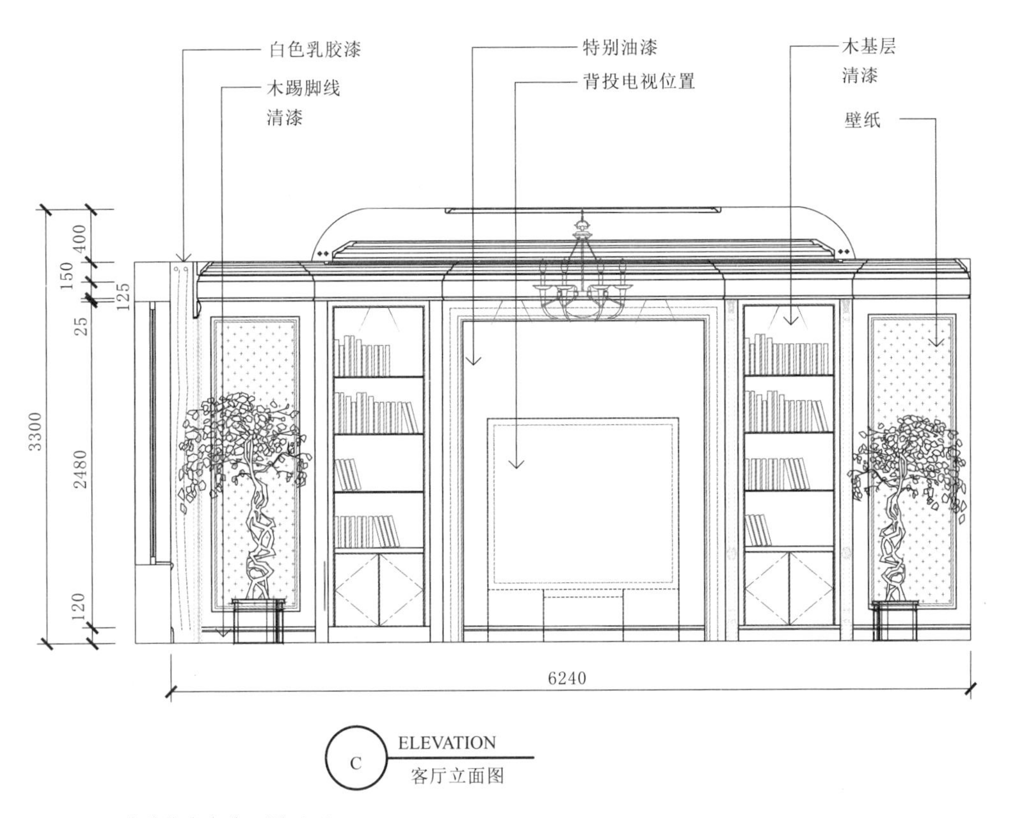

图 3.97　某总统套房施工图（五）

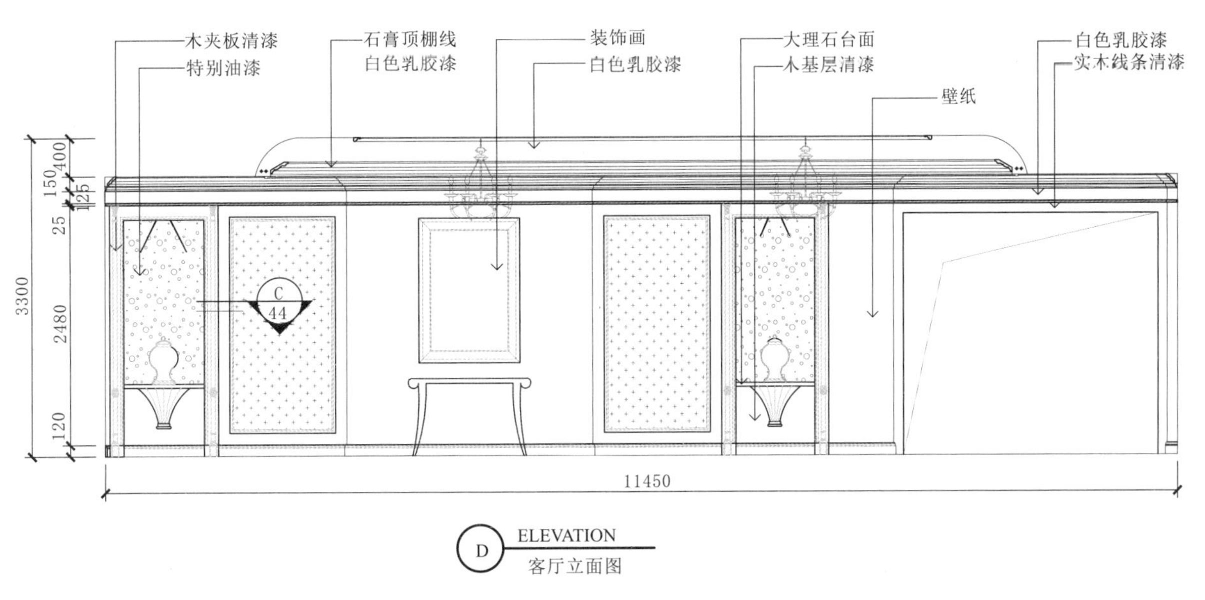

图 3.98　某总统套房施工图（六）

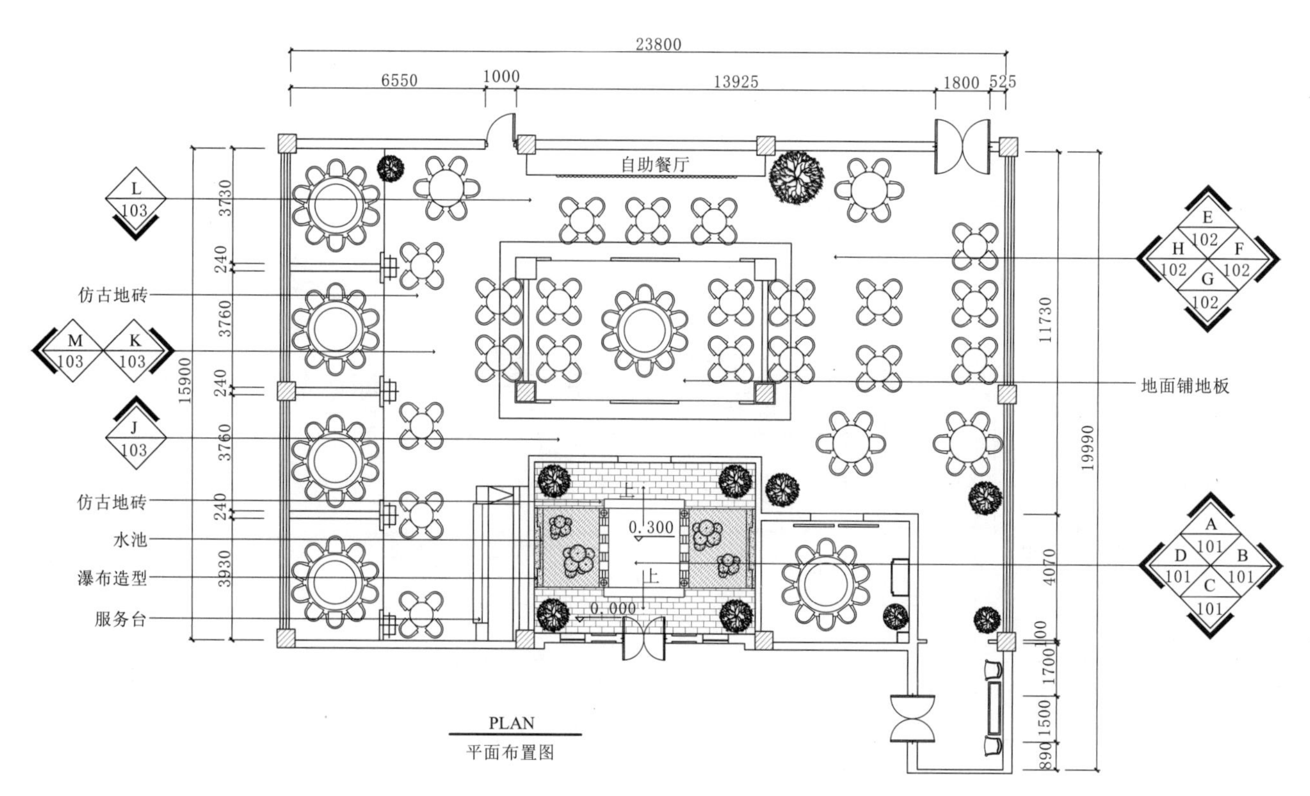

图 3.99 某风味餐厅施工图（一）

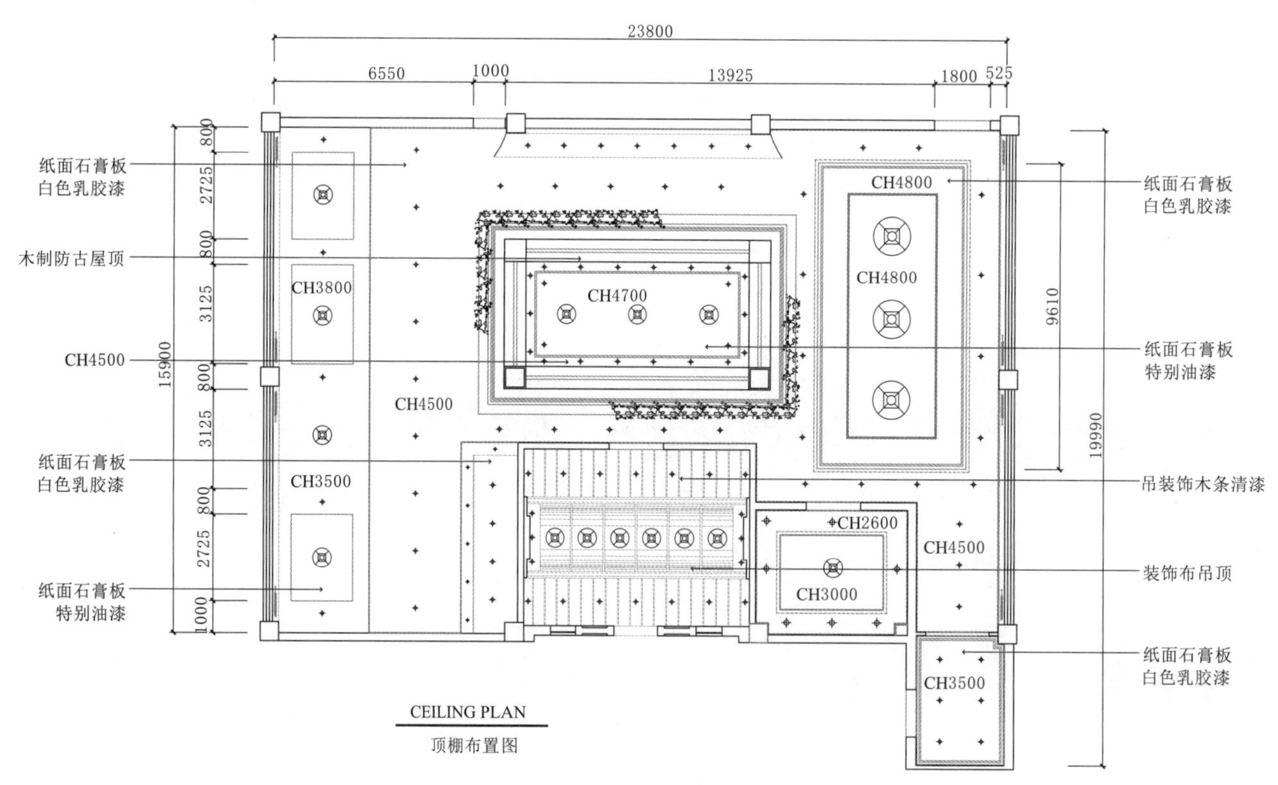

图 3.100 某风味餐厅施工图（二）

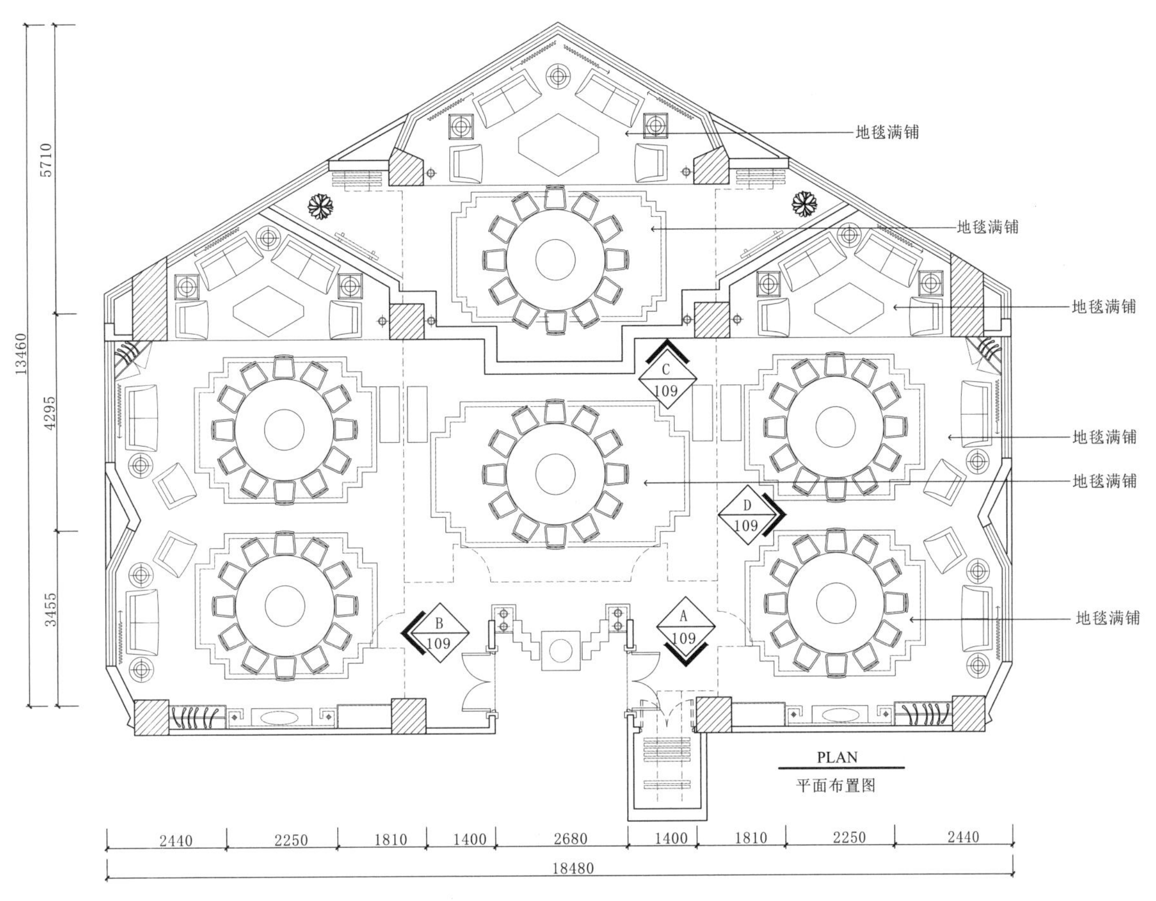

图 3.101　某中餐厅施工图（一）

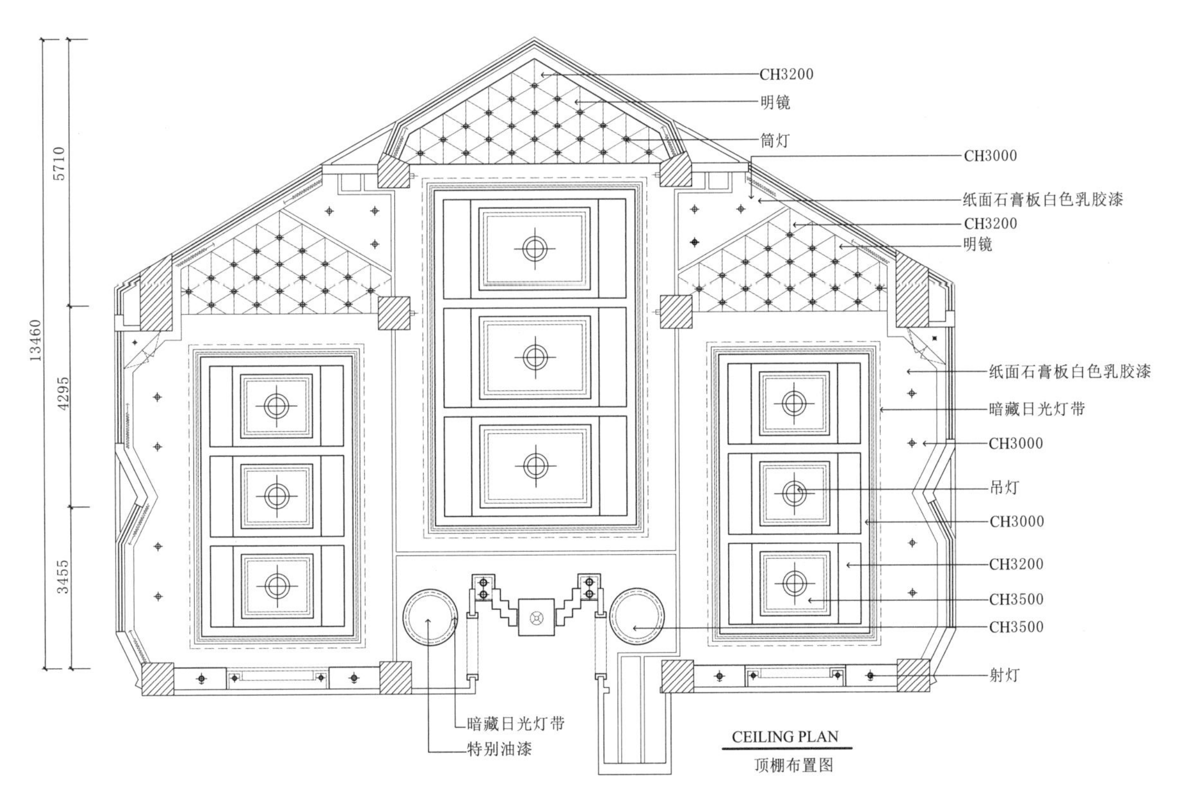

图 3.102　某中餐厅施工图（二）

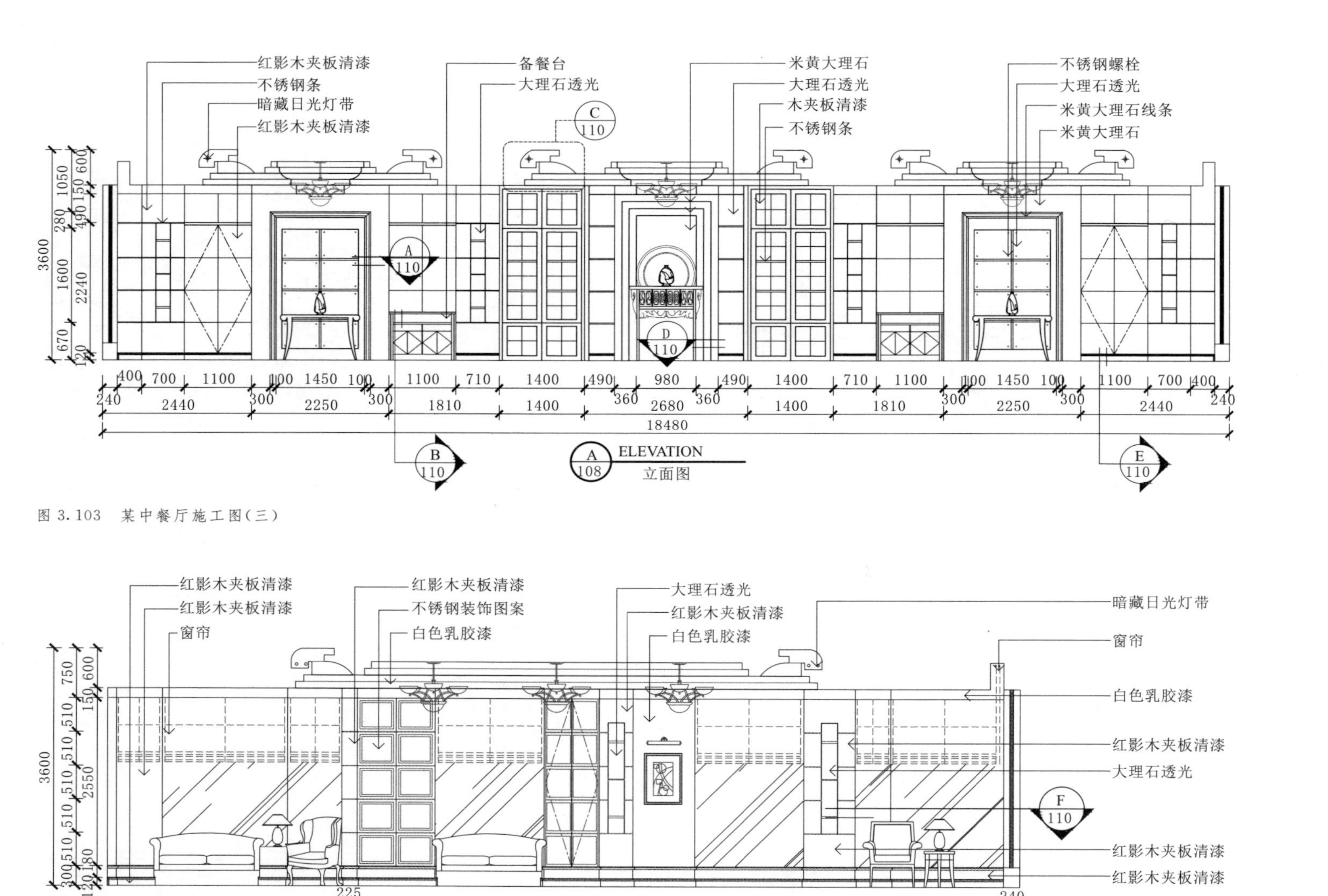

图 3.103 某中餐厅施工图（三）

图 3.104 某中餐厅施工图（四）

拓展学习

公共空间施工图示例

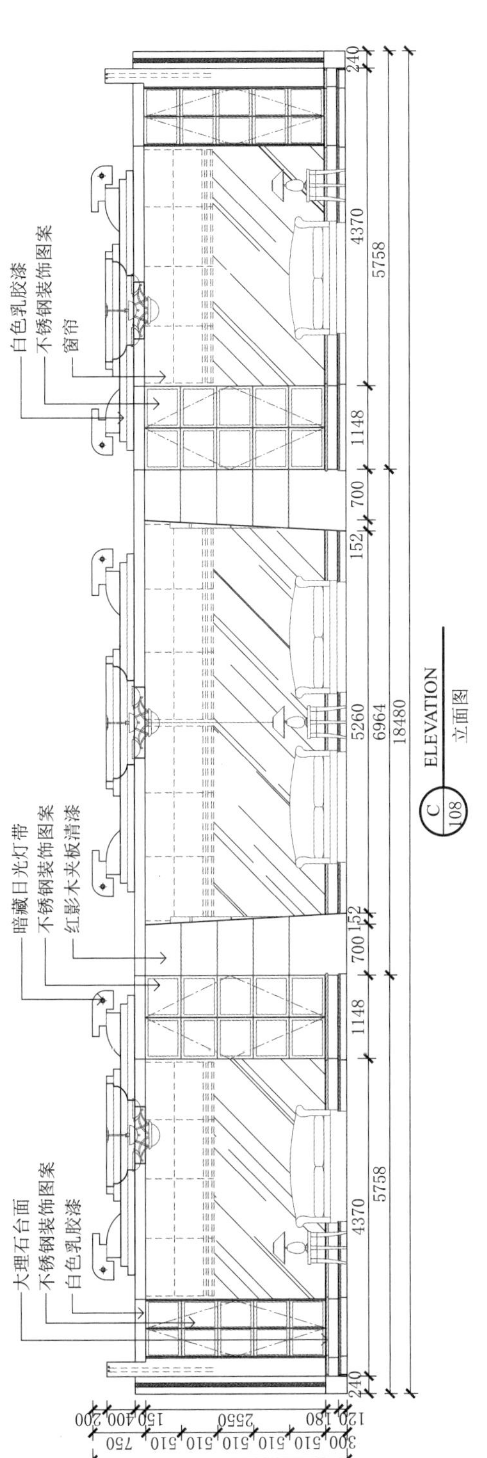

图 3.105　某中餐厅施工图（五）

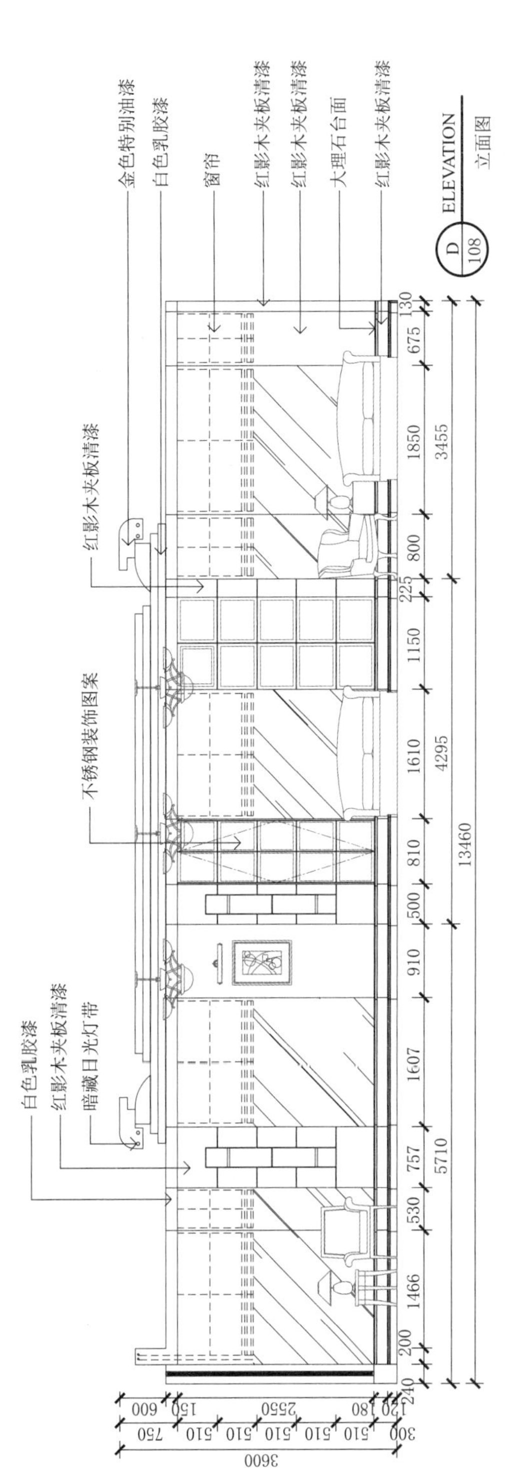

图 3.106　某中餐厅施工图（六）

3.4 室内公共空间设计与人体工程学

3.4.1 人体工程学概述

人体工程学是一门研究人与机械、人与环境关系的学科。人类在长期的生活实践中，为了不断提高生活质量和生产效率发明了许多生活器物，这些器物与人类的关系，我们理解为人机关系。在人体工程学诞生之前，人们虽然没有系统的人机研究方法，但是在人类漫长的生产生活中所制造设计的器物，也潜在符合了人体工程学的原理。随着人们对人与事物关系认识的发展，人体工程学在20世纪40年代逐步发展成为一门科学。

作为研究人体与环境关系的科学，它是学习现代室内设计必须具备的知识要素，特别是人体尺寸作为实际设计中的关键数据已被日益重视。人体工程学不是一门单一的学科，而是集生物学、心理学、人体测量学、医学等学科为一体的综合性学科，也是研究人体与环境之间关系的多元性学科。在公共空间设计中，要满足人们各种各样的使用要求，以达到方便、舒适、符合科学的目的，室内设计就必须以人体作为依据进行设计。

3.4.2 人体工程学与室内公共空间设计

室内设计的主要目的是要创造有利于人类身心健康的舒适空间，与人体工程学的主要研究任务和目的是完全一致的。人体工程学不仅涉及人体的尺度、生理、心理需求，还涉及人体能力的感受及对物理环境的感受等。因此，它和室内空间环境有着密切的关系，为了解和确定空间大小，首先要将各种形状的因素加以分析，但是最主要的因素是人的活动范围，即人体所占用的空间及人体可活动空间。此外，还包括家具设备的数量、重量、温度和尺寸。人体空间构成包括以下三方面内容。

3.4.2.1 人体基本尺度

(1) 人体的构造尺寸。即人体在静态时所量取的尺寸。这个尺寸因国家、民族、性别和年龄的不同而各有差异，同时该尺寸还和人在空间中的相对位置有关，如图3.107所示。

(2) 人在室内外活动所处的位置。这个位置只是相对的静态位置，与每个人的生活方式、生活习惯有关，如在中餐和西餐宴会中，人在这一空间里所处的位置就不一样，设计师应根据人体的活动确定室内设施的位置。其中两人以上活动时，相对位置可以是重叠、交接、相邻、分离等，如图3.108所示。

(3) 人在室内活动的方向。根据人体的构造尺寸，即人体在动态时所量取的尺寸，分析研究其动作的速度、顺序、方向以及在室内活动时的行动路线，作为室内布置及空间设计的依据，如图3.109所示。

除以上所述的内容空间外，影响室内空间大小、形状的因素还包括室内所需的家具和设备的面积。为了更好地、科学地研究人体空间和家具空间所需要的面积，首先要准确测定出不同性别的成年人和儿童，在站、坐、立、卧时的平均尺寸，以及活动所需的范围。其次，要测定一般家具的基本数据，由于室内空间功能不同，所需的家具大小、数量也不一样。

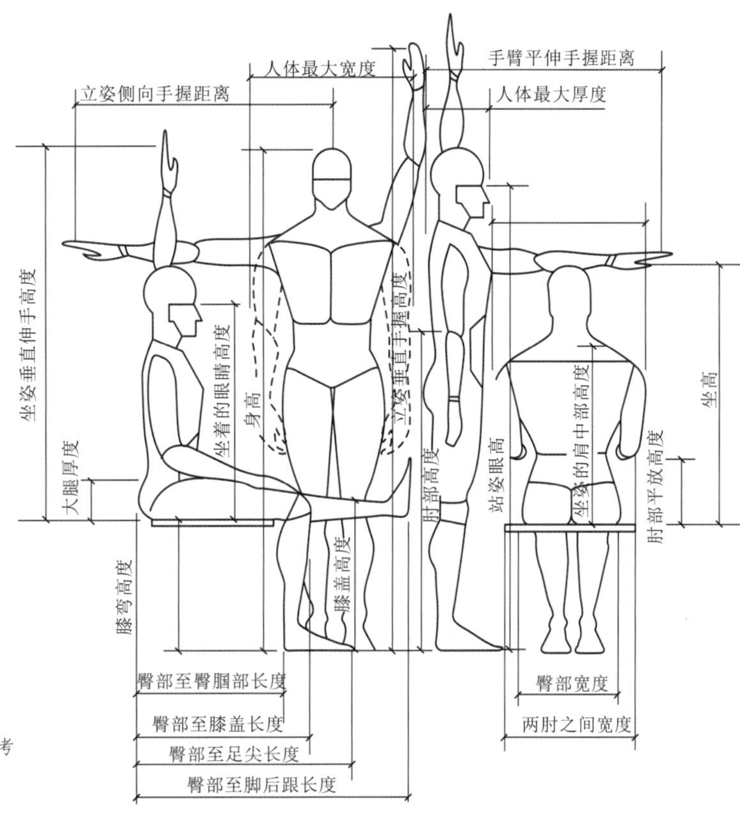

图 3.107　人体尺寸分析及应用需考虑的因素
（图片来源：《室内设计资料集》）

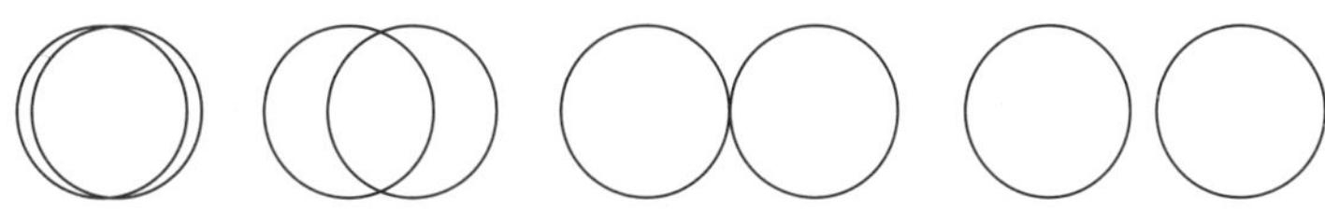

图 3.108　人体活动相对位置图示

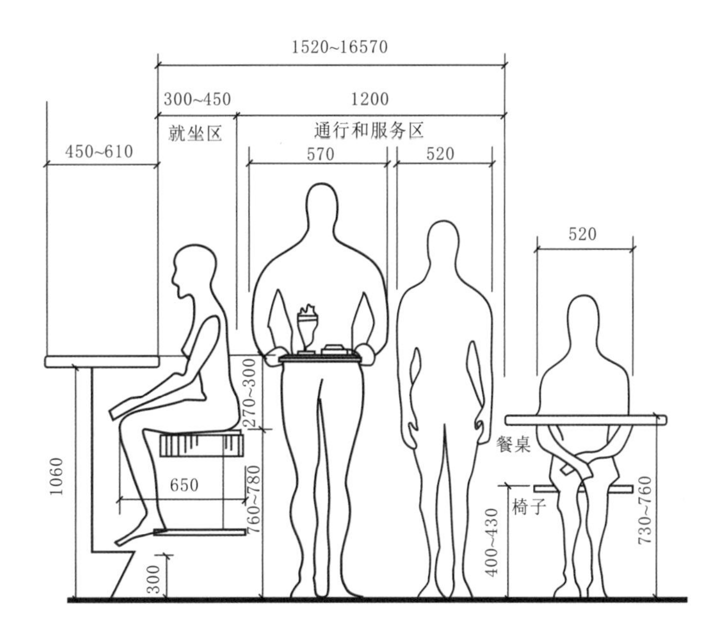

图 3.109　人体活动尺度（单位：mm）
（图片来源：《室内设计资料集》）

(4) 人体尺寸的平均数值见表 3.1。

表 3.1　　人体尺寸的平均数值

分 类 参 考	男	女
体重/kg	68.9	56.7
身高/cm	173.5	159.8
座直臀至头顶的高度/cm	90.7	84.8
两肘间的宽度/cm	41.9	38.4
肘下支撑物的高度/cm	24.1	23.4
坐姿大腿的高度/cm	14.5	13.7
坐姿膝盖至地面的高度/cm	54.4	49.8
坐姿臀部至腿弯的长度/cm	49.0	48.0
坐姿臀宽/cm	35.6	36.3

3.4.2.2 家具与人体尺度

家具的主要功能是实用，不论是支撑人体的家具或贮藏摆设所使用的家具，都要舒适、方便、安全、美观，都要满足人的生理特征要求，所以在设计家具的同时，要以人体工程学为依据，使其家具设计符合人体基本尺寸和从事各种活动范围所需要的尺寸要求，如图 3.110 所示。

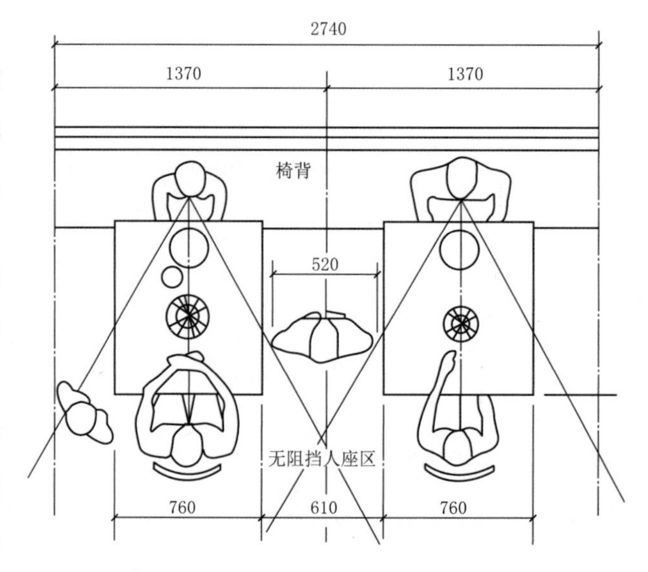

图 3.110　家具与人体尺度（单位：mm）
（图片来源：《室内设计资料集》）

(1) 椅子、沙发、凳子。要使人坐得舒服、安全可靠，设计时首先要根据人的基本尺寸决定座面的高度、靠背的高度以及座面的深度和柔软程度。

座面的压力分布必须适宜人体随意改变姿势时的压力，以保证安全和舒适。座面和靠背的角度，一般在夹角为 0°～5°，沙发则可以再大一些，座椅的靠背要向后倾斜，汽车靠背斜度为 111.7°，一般办公和学习用椅靠背斜度为 95°～100°。各类凳椅常用尺寸如图 3.111 所示。

(2) 桌子。人的座位宽度与桌面的宽度要让人得到舒展，两臂的活动区域，即每个人的手臂在桌面上的最大活动范围（两手肘端的宽度，手前伸的长度）要舒展、自如。桌子要根据不同人体所使用的情况而定其高、宽、长度，既要使人在桌面上工作方便，还要使两腿在桌面之下自由活动，以免使人产生疲劳不适。因此，室内家具、产品要根据以人体工程学为原理和依据进行科学设计。常用桌子尺寸如图 3.112 所示。

(3) 床铺。床的长、高、宽与使用者的身长、肩宽和睡眠习惯有关。我国一般床的长度为 2000～2100mm，床面最高高度可以参照椅子的高度或者再低一点，宽度单人床以 800～1000mm 为宜，双人床以 1500～1800mm 为宜，身体较宽大的可以增加至 2000～2200mm。常用的床体尺寸如图 3.113 所示。

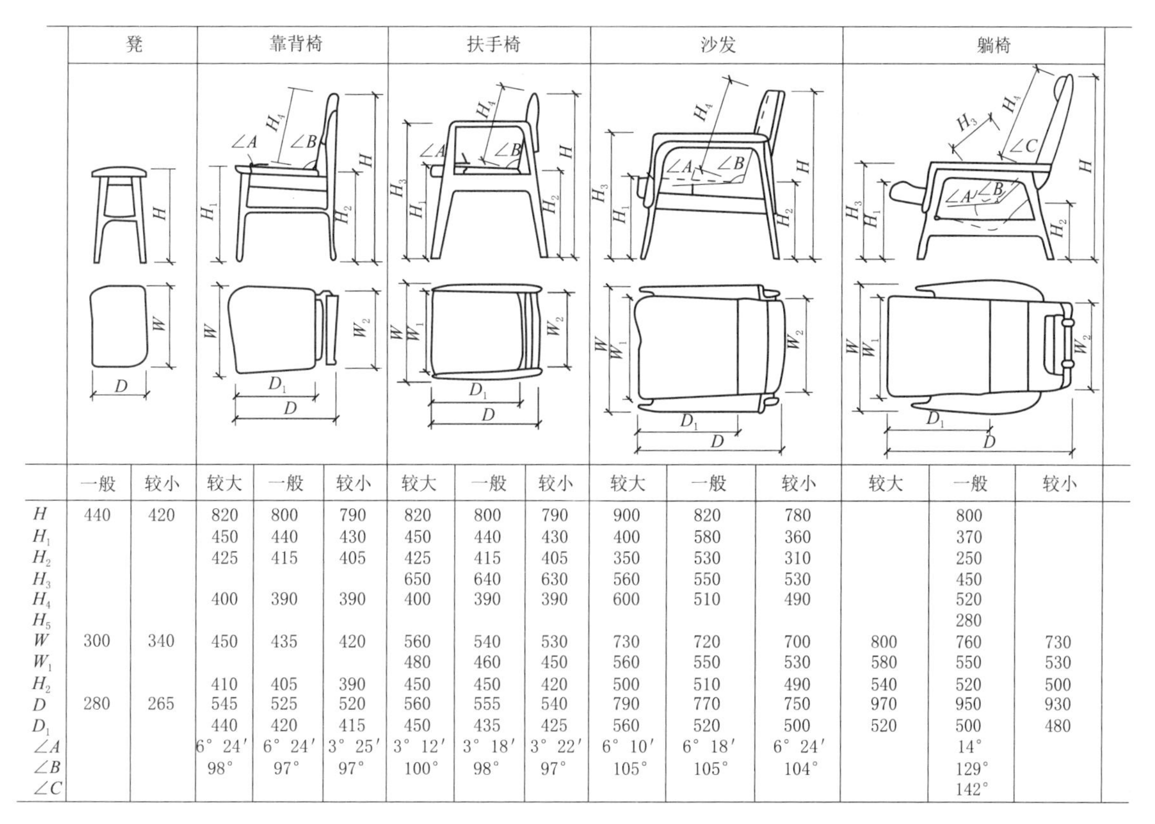

	凳		靠背椅			扶手椅			沙发			躺椅		
	一般	较小	较大	一般	较小	较大	一般	较小	较大	一般	较小	较大	一般	较小
H	440	420	820	800	790	820	800	790	900	820	780		800	
H_1			450	440	430	450	440	430	400	580	360		370	
H_2			425	415	405	425	415	405	350	530	310		250	
H_3						650	640	630	560	550	530		450	
H_4			400	390	390	400	390	390	600	510	490		520	
H_5													280	
W	300	340	450	435	420	560	540	530	730	720	700	800	760	730
W_1						480	460	450	560	550	530	580	550	530
H_2			410	405	390	450	450	420	500	510	490	540	520	500
D	280	265	545	525	520	560	555	540	790	770	750	970	950	930
D_1			440	420	415	450	435	425	560	520	500	520	500	480
$\angle A$			6° 24′	6° 24′	3° 25′	3° 12′	3° 18′	3° 22′	6° 10′	6° 18′	6° 24′		14°	
$\angle B$			98°	97°	97°	100°	98°	97°	105°	105°	104°		129°	
$\angle C$													142°	

图 3.111 各类凳椅常用尺寸（单位：mm）
（图片来源：《室内设计资料集》）

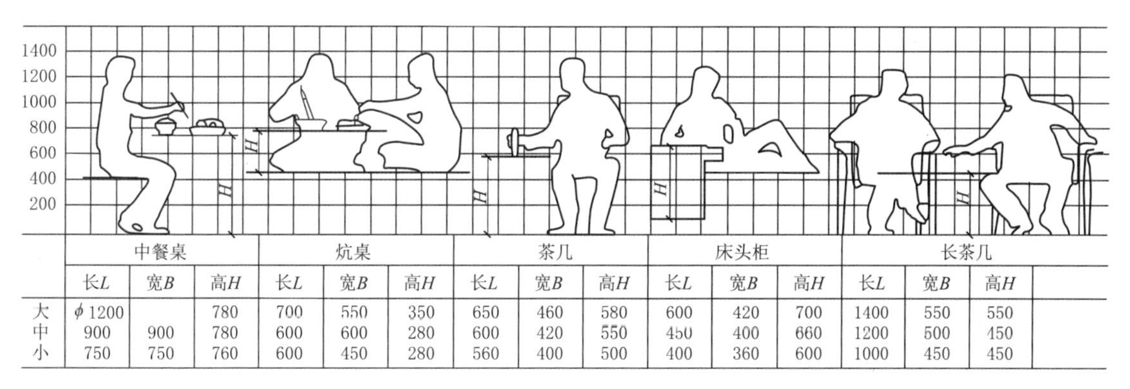

	中餐桌			炕桌			茶几			床头柜			长茶几		
	长L	宽B	高H	长L	宽B	高H	长L	宽B	高H	长L	宽B	高H	长L	宽B	高H
大	ϕ1200		780	700	550	350	650	460	580	600	420	700	1400	550	550
中	900	900	780	600	600	280	600	420	550	450	400	660	1200	500	450
小	750	750	760	600	450	280	560	400	500	400	360	600	1000	450	450

图 3.112 常用桌子尺寸（单位：mm）
（图片来源：《室内设计资料集》）

（4）柜、架。柜、橱、架和案几的高、宽尺寸取决于使用要求，以及放置对象的方式，从人体工程学的角度看，必须做到存取方便、稳定、安全。高度应以方便人们伸手可取为原则，一般在1800mm，而酒柜、电视柜则可以低一点，宽度要符合使用要求。常用柜架高度如图 3.114 所示。

3.4.2.3 空间环境与人体尺度

人体工程学测定了人体对气候环境、声学环境、光照环境、重力环境、辐射环境、视觉环境等的要求和参数，表明了人的感觉能力受各种环境刺激后的接受适应能力。如温度环境中确定了舒适、允许、可耐和安全极限温度的界限，这就给设计者制定室内温度标准以及调节室内最佳温度提供了科学依据。又如声学环境，噪声给人带来听力、精神上的危害，音量达到 110dB 时可使人产生不愉快的感觉，到 150dB 时就有破坏听觉的可能，从而提出有效的解决办法是用适度

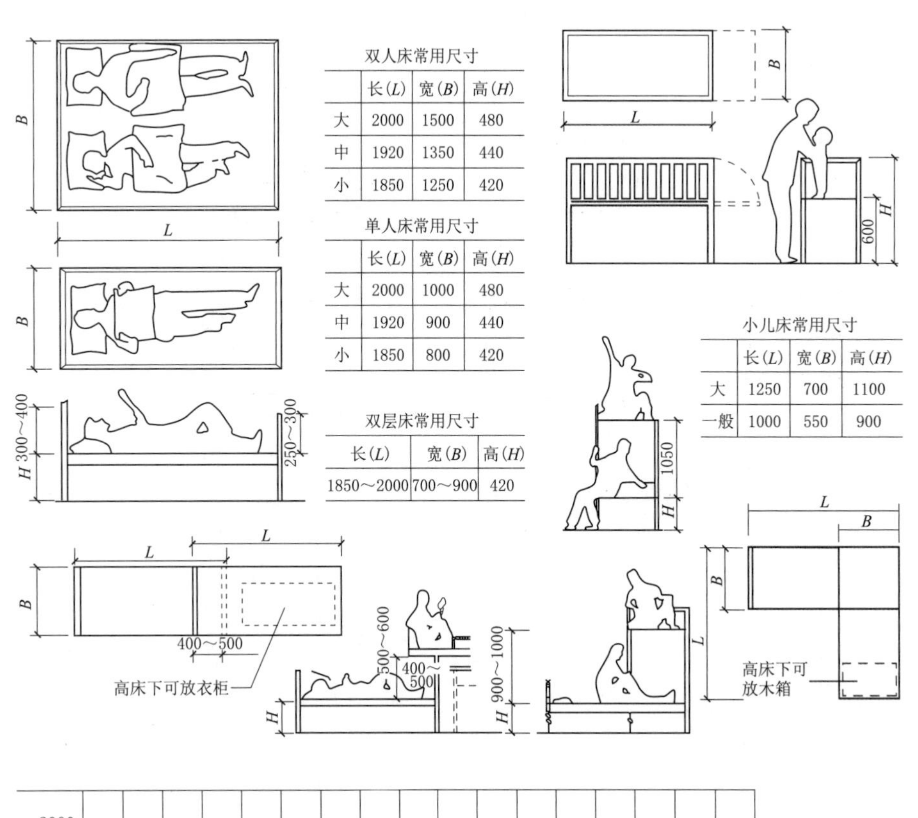

双人床常用尺寸

	长(L)	宽(B)	高(H)
大	2000	1500	480
中	1920	1350	440
小	1850	1250	420

单人床常用尺寸

	长(L)	宽(B)	高(H)
大	2000	1000	480
中	1920	900	440
小	1850	800	420

双层床常用尺寸

长(L)	宽(B)	高(H)
1850～2000	700～900	420

小儿床常用尺寸

	长(L)	宽(B)	高(H)
大	1250	700	1100
一般	1000	550	900

图 3.113　常用床体尺寸（单位：mm）（图片来源：《室内设计资料集》）

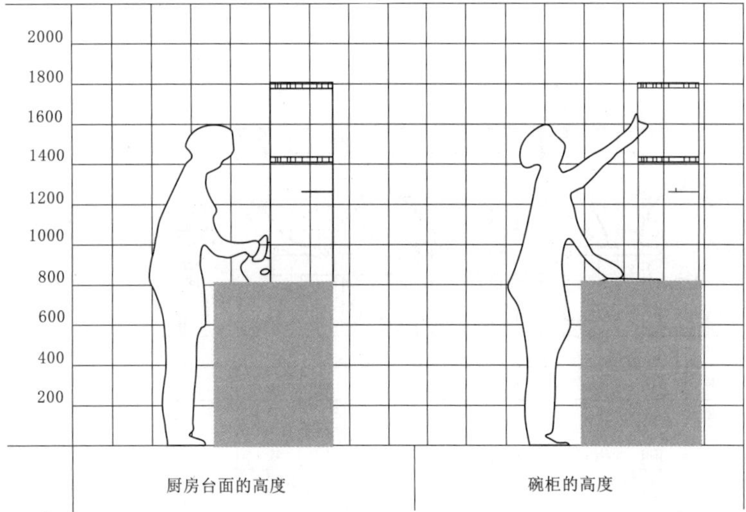

图 3.114　常用柜架尺寸（单位：mm）（图片来源：《室内设计资料集》）

的音乐声来隐蔽噪声。再如视觉环境，对视觉四要素（视力、视野、光觉、色觉）的测定表明人眼注视点停顿的地方，主要集中在画面的黑白交界处、拐角处、不规则处、闪动处等，这就给设计者提供了如何达到引人注目的设计依据。研究人的视觉在生理和心理方面的效应，证明色彩不仅具有审美功能，还具有使用功能，为室内色彩设计提供了依据（图 3. 115～图 3. 117）。

图 3. 115　巴塞罗那 MANGO 青少年品牌店铺设计

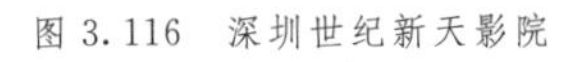
图 3. 116　深圳世纪新天影院

图 3. 117　苏州七分甜园林主题饮品店

3. 5　设计师应具备的基本素质

21 世纪，作为知识经济的时代，设计具有更加重大的历史使命，未来的时代，将是决策的竞争，是技术与人的素质的竞争，是以设计决定胜负的时代。面对时代的挑战和需要，高素质、多学问、有能力仍是今天和未来对新一代设计师的基本要求，也是 21 世纪新型人才的基本素养。当前，我国正从“制造”大国向“创造”大国行进，一名合格的设计师实际就是要具备创意意识，创意不是培养出来的，从某种意义上说它应该是积累出来的，与一个人从小到大的生活经历、成长环境、教育背景都有很大的关系。室内设计是一门综合艺术，它涉及建筑工程、装饰装修、工艺美术、园林绿化等方面。因此，它对设计从业者的知识需求是“点多面广”，有的还要有较高程度的“纵深”（图 3. 118）。

作为一个设计师还必须要在设计实践中逐步形成自己独特的个性风格，所谓个性是指一个人特有的性格特征，这是区分于其他人的识别标志。心理学家认为，每个人都是一个独立的单位，都有与他人不同的个性，在承认和尊重个性的同时，我们也要求个性能接受新的思维方法，接受和容纳不断出现的新观点，把它融入自己的个性之中。创意来自生活，设计来自生活，要培养自己的艺术底蕴，细心观察生活，只有打基础，才会别出心裁。

图 3.118　手绘设计练习稿

因此，作为一个优秀的室内公共空间设计师，应具备以下几方面的素质：

(1) 设计能力。掌握相关的室内设计基础理论与相应技能是设计师的基本功。从造型基础训练、设计色彩到透视效果图表现，从理论到实践要有一个积累的过程，要有科学的尺寸观念，快捷的表现手法，要有对新材料、新技术的足够把握。

(2) 创新能力。任何一种设计都不是设计师个人风格的翻版，设计师的思想观念要与时俱进，设计师不但是只做设计，同时也要有一定的学习能力。设计师的能力主要体现在创新上，相同的空间，不同的设计效果；相同的资金投入，不同的设计结局，都是对设计师能力的一个考验。

(3) 协调能力。设计师的设计理念若想得到实现，离不开各专业门类的配合，因此，设计师的协调能力显得尤为重要。设计师应是主动地、全面地、准确地掌握设计施工中各环节的动向，检验是否达到设计的效果，因此设计师肩负的任务是十分艰巨的。如设计中怎样选择合适的电器，所选的电器能否被工程师认可，如何安装消防措施，怎样组织工程验收，何时、何阶段进行阶段验收……这些都要在设计师的脑海中。设计师就像是指挥官，如果离开他，工程难免受到影响，有人说设计师既是乙方也是甲方，既是建设单位的负责人，又是施工单位的负责人，这也是不无道理的。

(4) 指导能力。工程是按图纸施工，但图纸与现实不一致甚至出现误差时，设计师就要去往现场进行协调指导，要有能力进行决断。有些工作施工方不完全理解，那么设计师就要负责技术交底，这是现场中经常遇到的问题，设计师还要经常在现场检查工程进度，发现问题，及时解决。

现代室内设计师应具备敏锐的观察力，通过对市场动态和社会发展趋势的了解，来进行设计的推敲和研究，发现并掌握其中蕴涵的规律。设计是以设计师个人的经验，寻找解决实际问题的途径，因此，设计本身具有鲜明的个性，这种个性是别人无法代替的。而设计师本身必须做到脚踏实地，提高自身综合素质，只有这样设计才能历久弥新。

思考与练习

1. 建筑的基本构成要素有哪些？
2. 完整的设计图应当包括哪些基本内容？
3. 什么是人体的功能尺寸和构造尺寸？
4. 设计师应具备的基本素质有哪些？

第 4 章　室内公共空间形态设计

第 4 章课件

【本章导读】 本章主要介绍了室内公共空间形态类型与特点、空间组织与形态处理手法，希望读者能够关注公共空间的形态设计方法以及空间组织手法，提高公共空间的便利性和舒适度，同时通过设计展现时代精神和价值观念，提升空间使用体验。

4.1　室内公共空间形态与类型

空间形态与其所处的环境、文化、社会、经济形态及人性化需求息息相关。探求空间形态的设计策略要建立在充分挖掘影响其发展因素的基础上。首先，室内公共空间的形态发展受周边物理环境的制约，包括地形、气候等自然环境以及城市环境；其次，室内公共空间反映了当地文化特质，历史文化精神的沉淀和追求都对室内公共空间产生影响；再次，室内公共空间要满足人们的心理和行为需求；最后，从某种意义上讲，室内空间的形态组织是建筑形态的逻辑反映，在组织空间的时候要考虑到内部空间和外部形体的完整统一。

现代室内公共空间的形态特征，具有综合性、多样性及个性化的特点，它随着社会潮流不断更新，见表 4.1。

表 4.1　公共空间形态类型与特征

空间类型	空间类型细分	空间功能	空间形态特征
餐饮空间	大型餐饮空间	经营类型单一，以餐饮功能为主	场地及空间规模较大，空间围合方式较规则，空间共享性、公共性较强
	小型餐饮空间	经营类型单一，以餐饮功能为主	场地及空间规模小而精，围合紧密，空间紧凑
	酒吧、餐吧	经营类型较丰富，售卖酒水及小吃，提供表演服务	在立面、节点形态设计方面具备完整性及系列性
	茶室、咖啡厅	经营类型较丰富，售卖茶水、咖啡及小吃	在立面、节点形态设计方面具备完整性及系列性

续表

空间类型	空间类型细分	空间功能	空间形态特征
办公空间	政府办公空间	具有办公、会议、受访等功能	设计风格多以朴实、大方和实用为主，具有一定的时代性
	商业办公空间	指商业和服务业单位的办公空间，带有行业窗口性质	有与企业形象统一风格的空间设计
	共享办公空间	去中心化的办公空间，提供快捷便利的共享办公及联合办公空间	增加了前台、活动区等的公共区域，基本没有隔断和空间分割，增加了办公空间的交流性，私密性较差
零售空间	专卖店	经营品类单一，但是同品牌的商品种类丰富、规格齐全	空间形态呈现类型化特征，场地及空间规模小而精，在立面、节点形态设计方面具备完整性及系列性
	百货商店	集中化销售，衣食住行经营比较全面	场地及空间规模小而精，围合紧密，空间紧凑
	超市	开架销售，仓储与售货一般在同一空间中	场地及空间规模较大，具有开敞性，空间共享性、公共性较强
	购物中心	满足消费者多种消费需求，设有大型商场、影剧院、银行、停车场、写字楼等，具备综合性及体验性	场地及空间规模较大，具有开敞性，空间类型较综合、丰富
健身、娱乐空间	健身馆空间	健身空间一般可分为有氧区、无氧区、公共区、运动区等，具体又有器械健身区、跑步机房、瑜伽房、洗浴室、更衣室、卫生间、休憩区等	场地及空间规模较大，具有开敞性，空间类型较综合、丰富
	美容美发空间	提供美容美发、按摩、养发等服务	场地及空间规模小而精，围合紧密，空间紧凑，分隔较多
	歌厅、舞厅、KTV	提供唱歌、跳舞等娱乐性活动的场所	场地及空间规模较大，但围合紧密，空间紧凑，分隔较多
文化教育空间	学校	提供校舍、校园、运动场等空间或设施，进行教学与学习活动	场地及空间规模较大，部分空间具有开敞性
	培训机构	提供提升能力、培养技能、学历教育、认证培训等服务	场地及空间规模较大，但围合紧密，空间紧凑，分隔较多
	图书馆、阅览室	提供图书、报刊、电子多媒体信息信息阅览服务	场地及空间规模较大，具有开敞性
医疗空间		提供医疗相关服务	场地及空间规模较大，部分空间具有开敞性

由于室内公共空间的种类较多，其空间形态的构成也各不相同，按空间性质区分主要有开放式空间、封闭式空间、结构主义式空间、动态空间、静态空间、流动空间、虚拟空间等。

（1）开放式空间。空间开放的程度取决于界面的围合程度、开洞的大小。开放空间和同样面积的封闭空间相比，要显得大些，给人的感受更活跃、流动感强，是现代室内公共空间的常用形式。

（2）封闭式空间。用限定性比较高的实体或墙体将空间分隔或包围起来，有明显的隔离性及私密性，故称之为封闭空间。

（3）框架式空间。故意把结构或管线等外露，并作强烈的形式感设计，形成一种隐喻的空间形式，发挥受众想象力，可称为结构空间。

（4）动态空间。动态空间引导人们从不同的角度观察周围的事物，把人们带到一个由空间和时间相结合的“四维空间”。一方面，人、电梯、流水、光影等给室内空间以动态感；另一方面，动态空间追求一种运动感，如螺旋形物体及富有动感的曲线形物体（如飞船、热气球等装饰物品）给室内空间以活力，引人注目。动态空间具有以下特征：①利用机械化、电气化、自动化设备，如电梯、自动扶梯等，形成丰富的动势；②组织引导人员流动的室内空间系列，方向性比较明确；③室内空间组织灵活，人的活动路线不是单向的，而是多向的；④利用对比强烈的图案和有动感的线型；⑤光怪陆离的光影，生动的背景音乐；⑥引入自然景物，如瀑布、花木、小溪、阳光乃至禽鸟；⑦具有独特设计的楼梯、壁画、家具，使人时停、时动、时静；⑧利用匾额、楹联等启发人们对动态的联想。

(5) 静态空间。静态空间的特征是：①空间的限定度比较强，趋于封闭型；②多为尽端空间，序列至此结束，私密性较强；③多为对称空间（四面对称或左右对称），以达到一种静态平衡；④空间陈设的比例、尺度协调；⑤色调淡雅和谐，光线柔和，装饰简洁；⑥视线转换平和，避免强制性引导视线的因素。

(6) 心理空间。心理空间是利用部分形体和色彩的启示，依靠联想、错觉以及“视觉成形性”来形成一个“虚拟想象空间”。

4.2　室内公共空间组织设计

空间是一个很大的概念，从哲学的角度来说，空间是无限的。但是在无限的空间中，许多自然和人为的空间又是有限的。有限的空间是通过界面对空间的围合与限定形成的，如在辽阔的草地上铺上一块帆布，可供旅游者休息，这块帆布就成了这一空间的底界面；在漫长的沙滩上撑起一把遮阳伞，游泳者可在伞下纳凉，遮阳伞就是这有限空间的顶界面。建筑所形成的内部空间是一个狭义的空间概念，就室内公共空间设计而言，它所指的主要是空间与其周围的环境，也就是更加关心范围有限、边界较明确的空间。

室内空间序列的组织要把空间的排列和时间的先后次序两种因素考虑进去，使人们不单在静止的情况下，而且在事物进行中也能获得良好的欣赏效果，特别是沿着一定的路线行进，能感受到和谐一致，又富于变化。值得一提的是空间序列的两种类型（一种是呈现对称、规整的形式，另一种是呈不对称、不规则的形式）可按室内空间功能要求和性格特征选择适宜的空间序列形式。综合运用对比、重复、过渡、衔接、引导等一系列处理手法，可以把单一的、独立的空间组织成一个有秩序、有变化、统一完整的空间序列。

随着社会发展、人口增长，可利用的空间日趋减少，如何合理地组织空间就成为一个突出的问题。合理利用空间，不仅包括对内部空间的巧妙组织，而且要求在空间的大小与形状的变化、整体和局部之间达到协调统一。空间的大小、尺度、家具及设施布置和排列，以及空间的分隔等，都要考虑到人的心理需要，通过设计把物质空间和心理空间统一起来。

室内空间处理的形式有很多种，譬如利用空间的诱导与暗示、重复与再现等。

(1) 空间的重复与再现。这样的空间处理形式可以使整个空间充满节奏感和韵律感，从而增加空间的层次感。重复地运用同一种空间形式，并非以此形成一个统一的大空间，而是与其他形式的空间互相交替、穿插地组合成为一个整体，人们只有在连续行进的过程中才能感受到某一形式空间的重复出现或重复与变化的交替出现，从而产生一种空间的结构感。

(2) 空间的渗透与层次。在空间的处理过程中有意识使被分隔的空间保持某种程度上的连通，室内外墙面的延伸、地面天花的延伸使空间彼此渗透，从而大大增加空间的层次感。在我国传统园林设计中，常见这种空间处理手法。对景和借景是我国古典园林的常用手法，主要特点就是通过门、窗等孔洞去看另一空间中的景物，由一个空间引入另一空间，使人感觉含蓄而深远。

(3) 空间的衔接与过渡。两个空间相隔一段距离，可由第三空间（过渡空间）进行衔接。过渡性空间本身并没有什么功能要求，只是起一个过渡作用。所以过渡空间应当小一些、低一些、暗一些、虚化一些、模糊一些。它就是我们心理空间的一个缓冲区域。譬如人从入口进入中庭空间，入口高度一般比较低一点、小一点。这样就可以很好地衬托出中庭空间大气、空旷的感觉。

另外，还要处理好“围”与“透”、整体与局部的关系，并加强心理空间的处理。“围”与“透”在流动的空间中得到了很好诠释，它使得内外空间浑然一体。整体与局部是对比的关系，整体大空间与局部小空间的对比，还有通过体量、色彩、灯光等，达到整体与局部统一对比的关系。另外加强对心理空间的处理主要是通过对空间的诱导和暗示，譬如说对墙面弯曲的诱导、楼梯的诱导等。

4.3 室内公共空间序列的组织方式

不同性质的室内公共空间有着不同的空间序列布局，不同的室内空间序列艺术手法有着不同的序列设计章法。在现实丰富多彩的活动内容中，室内空间序列设计不会按照一个模式进行，有时需要突破常规，在掌握空间序列设计的普遍性外，注意不同情况的特殊性。

4.3.1 室内公共空间序列程序设计

序列作为一种本质载体性元素，它存在于空间的各个层面。但凡一件有意味的事物的存在，无论是形体上的，还是节奏旋律上的，都存在着空间或时间上的逻辑关系。无论是小说文章还是戏曲影视，人们在讲述一个故事时，都需要按照人物的出场顺序或事情发展的急缓进度才可将故事叙述完整。对于一个空间的展示，也需要这种序列性。空间的序列是指空间环境先后活动的排列顺序，而展示空间更是需要将展品以及展示主题按照合理的顺序向观众传达。序列作为空间章法的构成要素是设计师按特定功能合理组织的空间组合。“其不仅存在于建筑之中，也不仅存在于专题展馆设计之中，而是广泛存在于各种由三维实体构架起来的真实空间中”。

空间的序列性就是指时空运动中所发生的顺序性和连续性，而组成它们的两个主要因素就是时间和运动。时间进程伴随运动进程，运动是人类在空间中必要的生存方式。如果一直停留在空间的某一点或者时间的某一点上都不可能产生空间的序列体验，即“如果在时间和运动这两根轴线的其中任意一根中断或停止，都会导致对于建筑空间的认识只能停留在一瞬间的印象上”。

在室内公共空间设计中，首先要做好“序幕”的设计，在室内公共空间序列的入口处，对里面的空间环境内容作出提示性的亮相和展开，通过引人入胜的空间，调动观者的审美欲望；其次，将空间环境内容有序展开，这属于空间序列设计的叙述部分，应当详尽阐述；再次，做好室内空间环境中心内容（即室内空间序列中主体空间的视觉中心部分）的设计，要通过空间艺术的感染力使观者产生最佳的审美心境；最后，在室内空间序列的尾声，将室内空间序列由高潮转入平静，使观者在心理上得到高潮余音的审美满足。室内空间序列必须具有整体性和连续性。如前所述，无论是雄伟的空间群体，还是中小型的空间单元，每一个室内空间序列都必须要有一个良好的开端和令人满意的结局。事实上室内空间序列在入口处序幕自然拉开，同时也自然而然地引向辅助空间、主空间直至期望空间的结束。然而，构成室内空间序列的每一个局部序列都不应孤立地出现，而应建立起彼此不可分割的、和谐的整体关系，并合乎人们视觉心理的逻辑。室内空间序列设计的程序应从总序列到分序列，再从分序列回到总序列。如展览馆的空间序列设计一般由序馆、分馆、中心展馆、影视厅、会议厅、洽谈室、销售部、服务部等空间组成。住宅空间由客厅、起居室、卧室、书房、餐厅、厨房、浴厕等空间组成。每一个空间序列无论在实用功能上还是审美功能上，都必须根据纵横上下的关系，进行总体的构想和布局，从而创造一个前后呼应、节奏明快、韵律丰富、色彩协调、声光配合的空间序列。

4.3.2 室内公共空间序列的设计手法

良好的室内公共空间序列设计，宛似一部完整的乐章、动人的诗篇。空间序列的不同阶段和写文章一样，有起、承、转、合；和乐曲一样，有主题、有起伏、有高潮、有结束；也和剧作一样，有主角和配角，有矛盾双方的对立面，也有中间人物。通过空间的连续性和整体性给人以强烈的印象、深刻的记忆和美的享受。但是良好的序列章法还是要靠每个局部空间的装修、色彩、陈设、照明等一系列艺术手段来实现。因此，空间序列的设计手法非常重要。

4.3.2.1 室内公共空间的导向性

指导人们行动方向的室内公共空间处理方式称为空间的导向性。采用导向的手法是室内公共空间序列设计的基本手法，它以建筑处理手法引导人们行动的方向，使人们进入该空间就会随着室内空间布置随其行动，从而满足室内公共空间的物质功能和精神功能。良好的交通路线设计不需要指路标和文字说明牌，而是用室内公共空间所特有的语言传递信息与人对话。常见的导向设计手法是采用统一或类似的视觉元素进行导向，相同元素的重复产生节奏，同时具有导向性。设计时可运用形式美学中各种韵律构图和具有方向性的形象作为空间导向性的手法。如连续的书架、列柱、装修中的方向性构成、地面材质的变化等强化导向等，通过这些手法暗示或引导人们行动的方向和注意力。因此，室内公共空间的各种韵律构图和象征方向的形象性构图就成为空间导向性的主要手法。室内公共空间序列总体效果的产生要有一定的流线，有明确的方向，每个空间段落有明显的起始、过渡和结束的标志。结合室内空间序列组织多样手法，如高潮和收束、过渡和衔接、重复和再现、渗透和穿插等。

4.3.2.2 室内公共空间的视觉中心

在一定范围内引起人们注意的目标物被称为视觉中心。导向性只是将人们引向高潮的引子，最终的目的是导向视觉中心，使人领会到设计的诗情画意。室内公共空间的导向性有时也只能在有限的条件下设置，因此在整个序列设计过程中，还必须依靠在关键部位设置引起人们强烈注意的物体，以吸引人们的视线，勾起人们向往的欲望，控制室内空间距离。如中国园林通过廊、桥、矮墙为导向，利用虚实对比、隔景、借景等手法，以寥寥数石、一池浅水、几株芭蕉构成一景，虚中有实；或通过建筑、家具、屏风、亭台楼榭等将空间处理成先抑后扬、先暗后明、先大后小、千回百转的效果。而视觉中心是指一定范围内引起人们注意的目的物，它可视为在这个范围内室内空间序列的高潮。

4.3.2.3 室内公共空间的组织构图

在设计过程中，还要顾及到室内空间组织构图的多样形式。如对比与统一，韵律与节奏，比例与尺度等。室内空间序列的全过程就是一系列相互联系的空间过渡。不同序列阶段，在空间处理上各有不同，由此形成不同的空间气氛，但又彼此联系，前后衔接，形成按照章法要求的统一体。室内空间序列的构思是通过若干相联系的空间，构成彼此有机联系，前后连续的室内空间环境，它的构成形式追随功能要求而不同。如中国园林中“山穷水尽”“柳暗花明”“别有洞天”“先抑后扬”“迂回曲折”“豁然开朗”等空间处理手法，都是采用过渡空间将若干相对独立的空间有机联系起来，并将视线引向高潮。一般来说，在高潮阶段出现以前，一切空间过渡的形式应该有所区别，但在本质上应基本一致，强调共性，应以统一的手法为主。但作为紧接高潮前准备的过渡空间往往采用对比的手法，先收后放、先抑后扬等用以强调和突出高潮的到来。统一对比等室内空间组织构图的方法原则，同样可以运用在室内公共空间设计处理上。

南京大屠杀纪念馆是我国优秀设计作品之一，是事件型纪念馆，拥有完整的起承转合的公共空间序列，其感情结构设计也采取了起始、发展、高潮、结尾的空间序列方式。入园之初，首先映入眼帘的是《家破人亡》雕塑为首的雕塑广场，观者无不被纪念馆所营造的凝重氛围感染。穿过狭长的雕塑广场，依次通过开阔的集会广场、悼念广场、遗址广场，观众的悲痛情绪随着环境的层层递进而不断加深，直至来到整个纪念馆的高潮部分，以遇难者的姓名墙为引导，依次进入遗骨陈列室及“万人坑”遗址，观众的情绪在历史的惨状面前瞬间达到愤怒与悲痛的制高点。最后，经过虚实掩映的祭场、烛光星星点点的冥思厅到达开阔的和平广场，观众的视线也由黑暗忽然豁然开朗，《和平女神》雕塑进一步引人遐想，让人心生感慨，感恩和平。整个空间组织序列可以概括为雕塑广场（起始）——集会广场、悼念广场、遗址广场（发展）——遗骨陈列室、“万人坑”遗址、祭场、冥思厅（高潮）——和平广场（结尾）。总体来看，南京大屠杀纪念馆的空间组织序列呈折线式，各单元空间串联于一条折线上布置，其情节变化丰富，叙事性效果更强，多空间单元使故事情节变化更为丰富，观众的心理感受随之也更加强烈（图4.1～图4.3）。

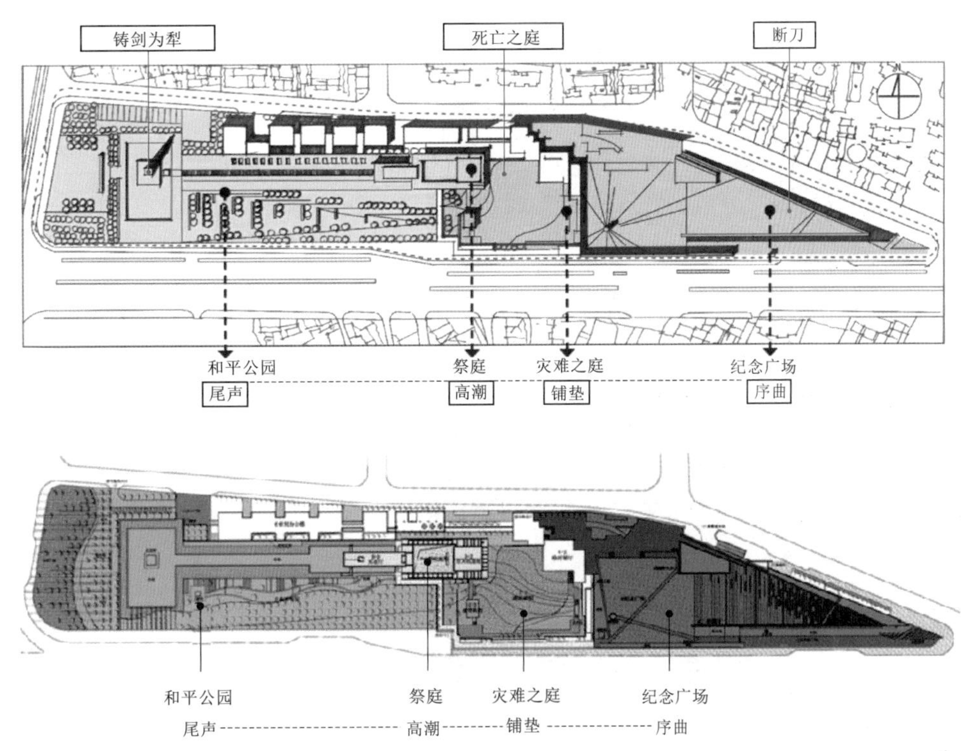

图4.1 南京大屠杀纪念馆平面图

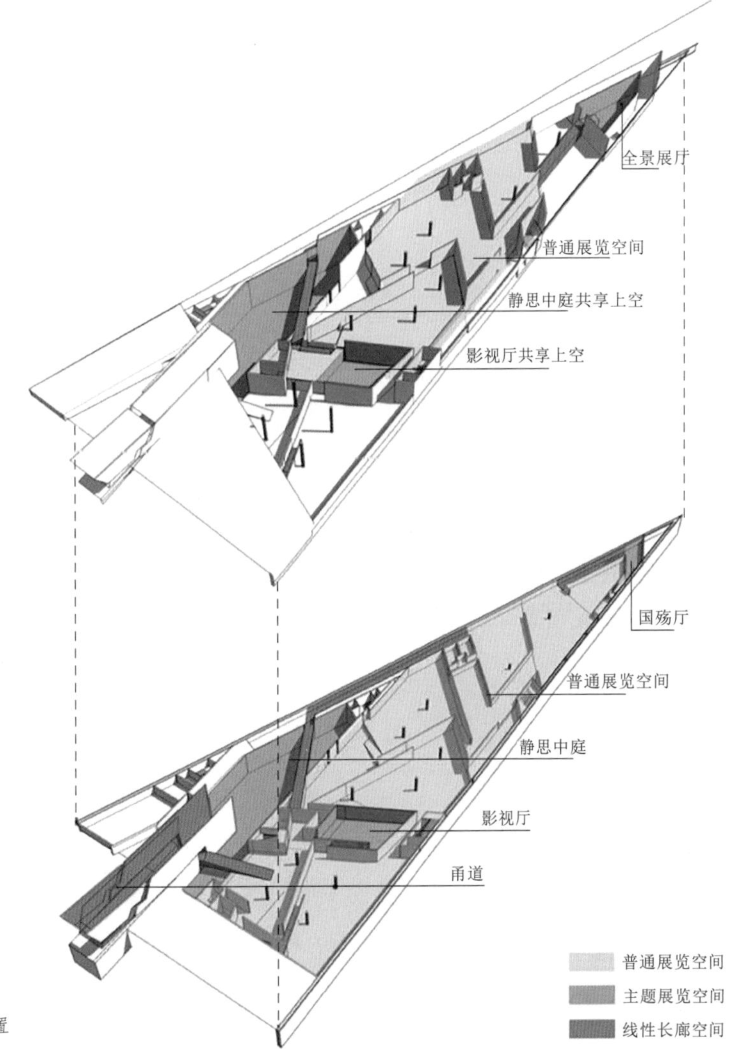

图4.2 南京大屠杀纪念馆展厅空间布置

图 4.3　南京大屠杀纪念馆展厅空间

4.4　室内公共空间设计形态处理手法

4.4.1　多样与统一

和谐被认为是美的基本特征，室内公共空间设计是一个系统的设计，也需要充分考虑在设计中将各种本不协调的因素协调统一起来。和谐是多样性与统一性两个相互依存的对立面的有机结合。没有什么事物可以没有多样性，也没有什么事物是完全一样的，基于这样的认识，人类在创造美的活动中，总是尽可能在多样中寻求统一，使单调事物的丰富起来，使复杂事物的统一起来。

在室内公共空间的设计中，需要将整体与部分之间的关系统一协调起来，如天花板、墙面与地面之间的色彩关系。虽然天花板与墙面、地面之间需要有一定的色彩对比，但是每个部分的色彩又不能过于突兀，以免造成零乱或喧宾夺主之感，要协调各个部分之间的色彩关系，使之融于整体当中，给人和谐的美感。

4.4.2　对称与均衡

美国现代建筑学家托伯特·哈姆林在《建筑形式美的原则》一书中说道："在视觉艺术中均衡是任何欣赏对象中都存在的特征，在这里，均衡中心两边的视觉趣味中心，量是相当的。"这里的均衡，包括一切视觉艺术构图原理，在空间展示设计的构成也是相通的。值得注意的是，他所说的"分量相当"而不是"分量相等"，因此，均衡中心两边的分量可能相等，也可能相近，一般可分为绝对均衡和相对均衡两种。

4.4.2.1　绝对均衡

当均衡中心两边的是等量时，也就是视觉上的重量、体量等相等时，或者出现两边形状、色彩等要素完全相同的情况，也就形成了镜面对称，这大概是人类掌握的最早的一种均衡规律。在商业展示空间中，常用这种手法营造一种稳重、大方之感，常采用近似对称形式陈列对于规则均衡的组合，人的视觉经过反复扫描，当确认两边相同的形状为多余以后，视线会停留在中心以求得安定。哈姆林根据这一原理提出突出中心的原则，并举了很多建筑的实例。其中最典型的是巴黎圣母院，为了加强中心的强度，所以设计了中间的圆窗，这种突出中心的论点，对于建筑、室内、平面装饰来说，加强中心视觉，两翼形成配合的手法用得很多，在室内公共空间设计中也很重视中心对称这样的设计方法。

4.4.2.2　相对均衡

由于等量等形的镜面反射效果，一般都处于相对静态中，就像天平两边等重以后的情况。相对均衡以杠杆平衡为原理，中心两边分量仅仅是相近，而非相同。特别是支点不在正中的情况下，必然会偏向一侧，所以也被称为动态对称。室内公共空间设计中有时为了使整个展厅的气氛活跃起来，但又要保持整体的平衡，就会应用到不规则均衡的处理方式。

4.4.3　节奏与韵律

节奏与韵律的概念是从音乐术语中借代过来的，但它并不能像音乐的曲谱或诗歌的格律那样有近乎公式的程序。视觉传达艺术中“节奏”的含义是：某种视觉元素的反复出现。它是建立在重复基础上的空间连续的分段运动，并由此表现出形体运动的规律性。例如，同样的色彩变化、同样的明暗对比多次反复出现，使人体验到音乐中的节奏，因而产生某种类似音乐感受的美学视觉心理效果。视觉艺术中的“韵律”也可以理解为是一种“按照一定规律变化的节奏”，是一种使人感受到音乐般欢愉的变化过程。它既有内在秩序，又有多样性变化的复合体，对音乐而言，利用时间的间隔来使声音的强弱或高低产生有规律的节奏，从而形成韵律：对诗歌而言，运用诗的押韵，或语言内在的声韵秩序，表达韵律之感：视觉艺术的韵律，则由造型元素的有规律的节奏变化而形成韵律。在一些凌乱的视觉因素中，同一个形体或空间在排列中依据大小、高低、宽窄等多种形式渐变，相当于重复的排列形式，使之产生一种韵律的感受，同时也使人体验到一种和谐的秩序感。这样的渐变序列，同样给人整体统一的感觉，但并不呆板，会使观众的心情随着渐变而产生起伏变化。各种造型因素的不同，造就韵律的过程亦不同，其感受亦不同。在室内公共空间设计里，内部的组合形式多种多样，更多的是成组的空间序列变化，多个空间依照渐变有序的手法排列，渐渐把观众引向主体展示。

4.4.4　序列——四维空间

4.4.4.1　四维空间

四维空间是在原来静态的三维空间里加入时间这个动态元素，表现为人们在原有的三维空间中游走时，步移景异，产生不同的感受。对这种空间序列的把握就像讲故事一样，有开始、过渡起伏、高潮、结束，整个流线中蕴含着一种旋律，或高昂或柔美，或理性或激情，在流线中的每一段都能制造悬念，依照文脉的风格有着“启、承、转、合”之说。

4.4.4.2 序列空间展示手法

不同的空间围合形式会给人以不同的心理感受。而在空间流动的过程中，也会让人在不同流线时间里产生不同的情绪，古人就曾以“风水论”进行建筑选取址和室内外布阵，从“风水”的角度来看，平面布局中讲究的是地势以及气场的流动。在现代设计中，“风水”属于环境心理学，是指人们处在不同的空间中将产生不同的感觉。在室内公共空间设计中，流动性的设计至关重要，在空间设计上采用动态的、序列化的、有节奏的展示形式是首先要遵从的基本原则，这是由室内公共空间的性质和人的因素决定的。人在室内公共空间中大部分时间处于运动状态，是在运动中体验并获得空间感受的。这就要求室内公共空间必须合理安排人们的活动流线，使人们在流动中尽可能不走或少走回头路。在满足功能的同时，让人感受到空间变化的魅力和设计的无限趣味。

例如，西班牙巴塞罗那博览会德国馆，采用“隔而不透、透中有围”划分空间的处理手法，使人进入空间之后，沿隔断布置所形成的参观路线不断前进，在行进中，可以从不同的角度看到几个层次的空间景致。使有限的空间变成无限，无限的空间中包含着有限，以不断变化的空间导向，使整个空间的展示形式流畅、有节奏，让人们在不断变换的视觉构图中欣赏到全方位的空间。这点与中国的古代园林艺术有着异曲同工之妙，我们可以从中受到启发。如园林在空间序列上讲究起承转合、明暗开合；在行动路线上讲究移步易景、情景交融，这些设计手法都值得在室内公共空间设计中借鉴（图 4.4～图 4.6）。

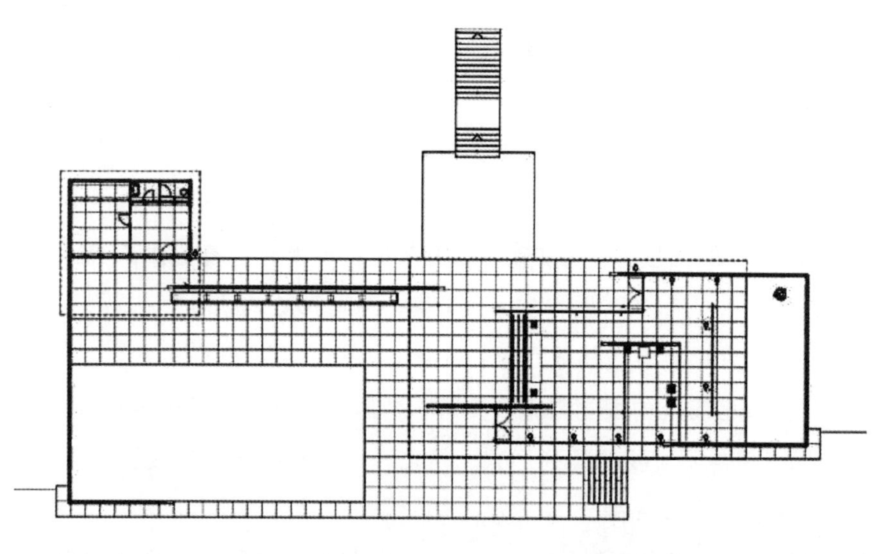

图 4.4 巴塞罗那博览会德国馆平面图

图 4.5 巴塞罗那博览会德国馆实景

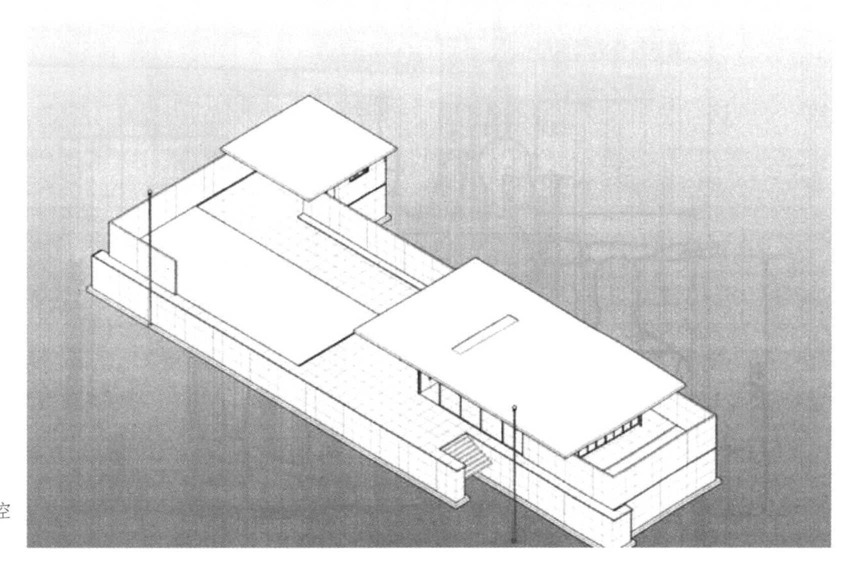

图 4.6　巴塞罗那博览会德国馆空间模型

4.5　室内公共空间形态特点

4.5.1　室内公共空间入口空间形态

入口空间有狭义和广义之分。狭义的入口，指建筑入口的门洞、门廊、台阶、雨篷、铺地材料等要素；广义的入口，则是指建筑物的入口构筑物及其控制的空间环境，如入口广场、门厅、绿化等。本书所述的入口，是其相对广义的含义，对空间的入口立面及其相关控制范围进行研究。所以也称其为“入口空间”，是对“门”的概念加以拓展，深化分析，赋予空间上的意义，作为界定不同空间转换的通道，入口空间涵盖了空间入口处的台阶、坡道、雨篷、门廊、停车场地、休闲场所、绿化等一系列元素组合构成的复合空间。它是多元的，也有其特殊性，既是建筑的一部分，也是整个城市街区和公共空间的一个部分。入口从功能使用上分为主要入口、次要入口、后勤入口、货运入口等（如图 4.7～图 4.10）。

图 4.7　日本表参道 Tokyu Plaza 商场入口空间

图 4.8　泰国曼谷 Siam Center 商场入口空间

图 4.9　写字楼入口空间

图 4.10　教学楼入口空间

4.5.2　室内公共空间中庭空间形态

室内公共空间的中庭空间从功能上讲是人流集散的枢纽，这种空间形式始于 20 世纪 60 年代美国建筑师波特曼设计的“共享空间”，随后很快成为各种室内公共空间效仿的模式。中庭空间通过采用现代设计手段与结构形式寻求对整个空间的突破，使单一且沉闷的内部交通空间焕发出新的活力，空间形态丰富、色彩绚烂、形式多变。

波特曼认为：“建筑是空间，空间是建筑的本质，它是一种流动的供人使用的媒介。”简而言之，就是“空间的本质是为人服务”。中庭空间是室内公共空间里面最充满活力的空间，是人们享受与交流的共享空间，中庭空间内的建筑构件直接反映了建筑的结构体系形式，是人们识别空间强弱指标的关键区域，也是公共空间中内部空间的一个活跃的视觉要素（图 4.11）。

图 4.11　1985 年的万豪酒店中庭设计

在日常生活中，人们在中庭空间中的活动大概可分为两种类型，即必要性的活动（一般包括到达目的地、问询等）和非必要性的活动（非必要又分为自发性活动与社会性活动，一般包括休憩嬉戏、驻足观望、等候寻人等）。中庭空间的建构方式直接关系到这两类活动的“活跃度”（这里的“活跃度”可以理解为人们交流的意愿，人们是否很容易找到目的地，人们会不会因找不到上下电梯而烦恼等）。在当今社会，对于非必要性的活动的发生受中庭空间建构方式的影响越来越大，人们在空间中的各种行为活动，无论是个体行为还是群体行为，都反映了人们在活动中的弹性、不确定性、复杂性。人们的个体和群体行为的集合，将综合影响到中庭的空间形态。

许多设计师在设计中庭方案时会注意到，专家评审设计方案经常会提出这样一些问题：“这儿空间不好用”“这儿为什么要设计成圆形”“那儿为什么要设计成透光穹顶”……其实专家不理解设计师意图的原因很简单：中庭空间的设计过程是一个推敲特征变量到寻求多方综合平衡点的过程，其中特征变量包含了影响公共空间中庭空间设计的各种因素，包括物质层次和精神领域以及联系这两大系统之间的人本身。在中庭空间设计过程中，许多设计师常常从自身的立场出发，选择“流行”的构图样式和“前卫”的美学表达，倾向于把空间设计视为表现自己的世界观与职业素养的媒介，因此，不同的设计师就设计出了艺术性和创造性不同的中庭空间。中庭空间是积极的空间，其使用者或用户是多种多样的，如乘坐观光电梯上下穿梭于中庭的人们、坐在中庭水池花草旁或台阶上休憩的人们、围在中庭活动平台前聚会的人们、围着圆形椅子嬉戏的孩子们、坐在椅子旁喝着咖啡听着音乐的情侣等，这些人生动地构成了中庭空间意义的主要内容，这些人的交流活动把中庭空间的物质层次与哲学领域的影响联系了起来。反过来，中庭空间又在不同程度上以不同方式深深地影响着人们的交流活动。当今，对于公共空间的中庭设计，大多数设计师只关注到空间的使用功能和建筑造型的要求，真正以人的感受和行为出发的设计方案很少。人是空间的主体，不同的人在不同的空间中的心理反应又是不同的，设计中庭时，要融合人的行为特征、心理特点、视觉艺术、声音氛围等因素。罗伯特·安德瑞认为人对空间的需求包括刺激性、安全感、标识性，人在任何时候对这三者都有不同程度的需求。

室内公共空间中庭的作用主要表现为：

(1) 中庭首先是一种交通枢纽，但同时又是人们相互交往、观览休闲的意义性“场所”，是一个多功能的空间活动中心。

(2) 中庭作为内聚的开敞性空间，从平面上打破了空间的封闭感，同时通过狭窄与宽阔的对比给游人以不同的感受，形成了多视角立体的空间，使人们的视觉范围得到扩大。

(3) 中庭可以通过其自身形态、自然光与人工光的相互作用来将整个空间赋予动态，构成一个形式上丰富多彩的动态环境。

(4) 中庭提供了人们交往的场所，成为室内公共空间中的“客厅”，将空间的灵活性与应变性以及活动的全天候聚集性发挥得淋漓尽致。

(5) 中庭也是内部空间的塑造主体，通过它的重点处理，将节点小品融入其中，调动尽可能多的手段，通过尺度、色彩、形态的对比，赋予不同公共空间不同的个性与特点，形成室内公共空间的性格。

从功能上说，公共空间的中庭是一种职能空间，不仅是总体空间的交通组织枢纽，也是进行集会和交往的场所。除上述显性功能外，中庭空间还具有很多隐性功能，如休憩娱乐、展示、展览等。在香港置地重庆光环 The Ring 购物公园中庭设计中，植物园空间的植入使得消费者可以随时在购物和休憩模式之间切换，从而减少了传统商业空间给消费者带来的“被围困式”的压迫感和紧张感，提升了商业空间的质量和亲和度。除植物园外，在不影响商业经营空间的前提下进一步探讨对传统商业空间的改进和提升可能。在主动线的另一侧东南角城市主要入口的上方，通过以开放性商铺的形式打开动线的一部分空间，并利用交错的两个 S 形楼板使这部分形成交叠的两个通高，以进一步解决消费者的被围困感，并提供更多的互动性社交空间体验。立面材料则采用大面积折叠玻璃向城市展示室内空间的同时，更建立了室内消费活动与城市生活之间的对话(图 4.12)。

图 4.12　香港置地重庆光环 The Ring 购物公园中庭

从空间的使用方式来看，领域的空间层次可以形成公共性、半公共（半私密）性、私密性的空间领域。建筑的空间类型可以说是从公共性到私密性的一个连续的区间谱系。然而“公共”和“私密”是相对的概念。相对于室外的公共空间，中庭空间是半公共及半私密的过渡空间；相对于建筑单体内部独立性的功能空间，中庭空间是公共性的，同时中庭内部的室内平台和垂直空间也起到了由公共空间到私密空间的过渡和渗透的作用。例如，德国汉堡超级图书馆方案设计用一个大规模的切口造型将中庭空间面向室外广场打开，通过弯曲的坡道和连廊，形成向上连接的空间结构。中庭空间的中央，形成流线的交叉和视线的对话，各个相互交错的平台成为公共空间之间的过渡空间（图4.13）。

图4.13 德国汉堡超级图书馆方案设计

不同形状、面积、边界状况的空间领域，会影响到个体的行为方式和对空间使用的方法。通过空间界面的变化、交通元素的配合、景观元素的融入，中庭空间可以变化为开敞式的中央核心空间、封闭的光庭、外向型的边庭空间、内向的街廊、连续的复合中庭空间。由于中庭空间受功能的约束较少，又是整个公共空间组织的关键，往往可以成为整个内部空间序列的精华所在。合理进行中庭空间设计，可以营造出多层次、多种氛围的趣味空间。

由于时代的发展，当代公共空间的中庭空间形式与规模都有了较大的拓展，其“流动”“交融”的特点愈加突出，按空间组织方式可以分为：中央核心式中庭空间、线型廊式中庭空间、复合式连续中庭空间。

4.5.2.1 中央核心式中庭空间

核心式中庭通常位于公共空间的核心位置，有较强的向心性和内聚力。在功能上一般作为建筑交通组织的枢纽，或是集会、聚会的场所。通过对空间界面的设计和空间氛围的营造，可形成开敞、通透的多层次交流空间和封闭的内向型光庭。

伦敦Henrietta之家办公空间的中庭设计是典型的中央核心式中庭空间。以中庭为中心的空间布局手法使公共空间成为充满生机的中心领域。在明亮的新中庭中，设置中央咖啡厅为一处社交中心，为户外用餐和休闲聚会以及夜晚的多样活动提供了空间。空间向室外露台渗透，丰富的绿植和野生植物在城市中开辟了一处自然的栖息地。同时中庭贯通多层空间，使整个中庭空间呈现出几何装置的形态，创造了多层次、多尺度的趣味性中庭空间。高耸的中庭空间像一个充满生机的街道，引导着内部空间与建筑周围环境间的对话（图4.14、图4.15）。

4.5.2.2 线形廊式中庭空间

线形廊式中庭空间与中央核心式中庭相比，有明确的方向性和导向性，可以形成强烈的轴线和序列。空间形态以动为主，动静结合，又称为“街道式中庭”。区别于纯粹用于交通的廊道空间，线式中庭是跨层的连续空间。在功能上不仅具有“廊式”的交通导向作用，而且可以创造“庭式”空间的集会活动。此类中庭可以在建筑中心部位，也可以偏于一隅，形成单侧采光

图 4.14　伦敦 Henrietta 之家办公空间中庭设计

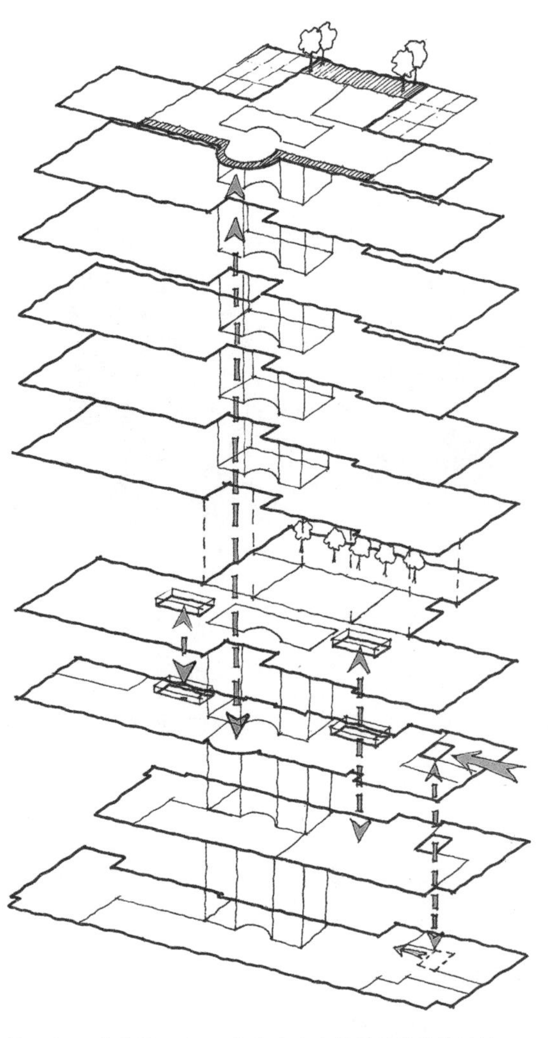

图 4.15　伦敦 Henrietta 之家中庭多层贯通设计轴测图

的中庭空间形式。构成中庭空间临界面大部分向外开敞时，即成为边庭空间。这种空间往往设计为入口的门庭，有明显的外向性特征，通过外界面的设计，形成透明开敞的过渡空间，有助于室内外的渗透和联系。

案例 1：中国科学院研究生院中关村园区教学楼

中国科学院研究生院第二教学区地处人文环境理想、科研文化浓厚的中关村。一期教学楼用地局促，在四面约束的狭长地段，设计师坚持可持续发展的设计理念，思考单元模式的弹性发展可能，利用线形廊式的中庭空间串联 3 个教室模块单元，形成鱼骨状的街道共享空间。中庭成为教学楼最具特色的场所空间，而原有的限制和矛盾转化为一种机会，内庭作为交通空间、交往空间、礼仪空间、展示空间，不断地人潮流动好像编织了信息网络系统，中庭宛然一个知识的街道，成为这组建筑的主要命脉。中庭打破传统教室的暗走廊，利用带有顶部采光的线性中庭作为交通空间。不仅丰富了室内空间环境，同时利用热压原理，改善教室通风的问题，实现生态设计的目标。而且通过廊的过渡，有效地联系了南北不同层高的教室，避免了空间的浪费（图 4.16、图 4.17）。

图 4.16　中国科学院研究生院中关村园区教学楼中庭

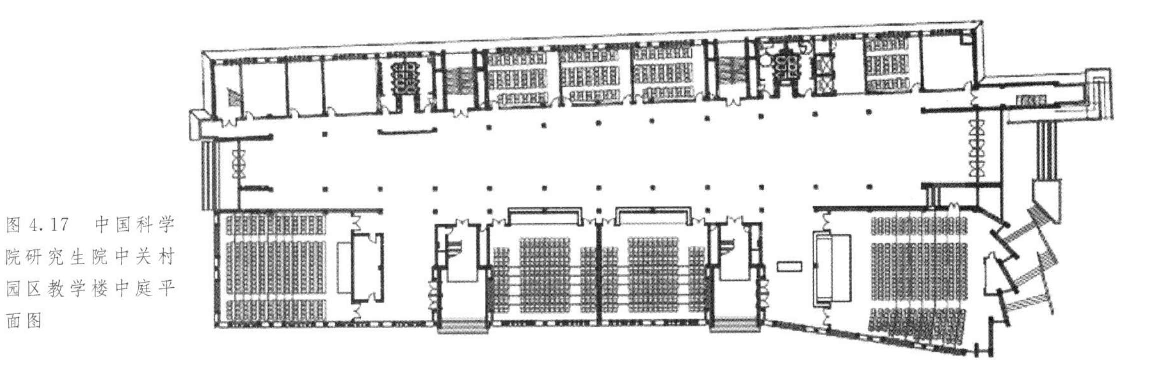
图 4.17　中国科学院研究生院中关村园区教学楼中庭平面图

案例 2：天津大学冯骥才文学艺术研究院

冯骥才文学艺术研究院位于天津大学青年湖畔，功能上分为文学研究与艺术展览两个主要部分，建筑面积约 6000m^2。建筑主要空间沿东西走向的斜轴展开。

在流线上，人们首先会通过东侧的校园主干道进入到北侧院落，这也是一个向公众开放的公共空间，人们可以在此驻足休息、观景、交流甚至举行一些室外展览。建筑主要空间沿东西走向的斜轴展开，斜轴从院内指向西北侧的青年湖，进入门厅后，沿着大台阶行至半层高的休息平台处，远处的青年湖尽收眼底。转身继续沿着台阶前行，整个建筑中最核心的公共展示中庭逐渐呈现在人们的眼前。用这样一个位于建筑空间中心的线型中庭空间来组织功能与流线，人群沿着中庭拾阶而上，再分散至建筑两侧不同功能的空间之中，营造转折向上的行走体验，层层递进的空间序列，形成了一种欲扬先抑、移步换景的独特空间体验。不同的空间节点在精心组织下主次分明、节奏有序，而且重要空间节点与湖景的对话也强化了建筑与环境之间的关联（图 4.18、图 4.19）。

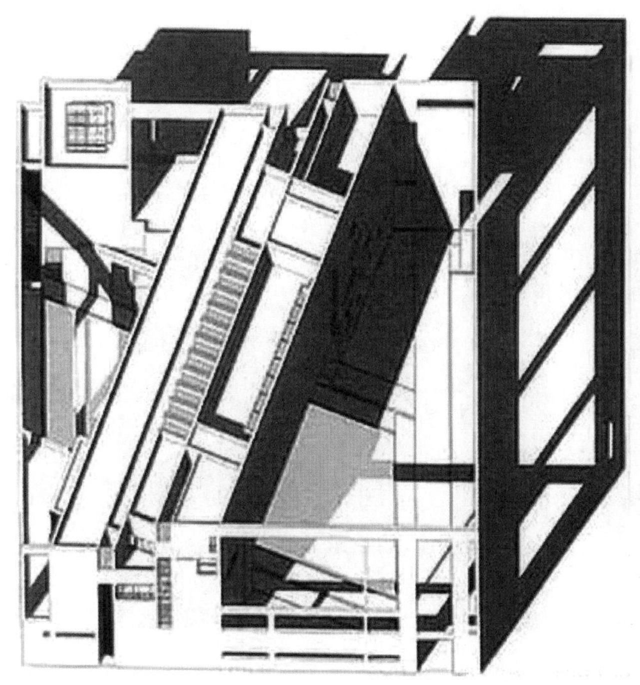
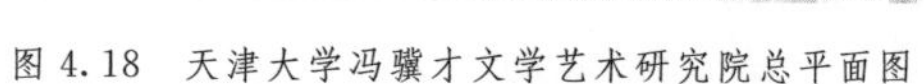

图 4.18　天津大学冯骥才文学艺术研究院总平面图

图 4.19　天津大学冯骥才文学艺术研究院中庭

4.5.2.3　复合式连续中庭空间

在当代建筑空间集约化的发展趋势推动下，出现了巨构型建筑空间模式。把核心式中庭和线式中庭结合在一起，形成的连续复合式中庭，解决了空间规模的扩大带来的功能问题，也丰富了公共空间形态。连续复合式中庭空间既具有核心中庭空间的向心性和内聚力，还具有线形中庭空间的导向性、方向性。同时几个封闭、开敞的中庭空间，内聚和外向的中庭空间串联或并列，可形成富有节奏和韵律的空间序列，从而增加空间的趣味性。

案例 3：上海正大广场

正大广场坐落在上海黄浦江畔，处于上海浦东陆家嘴地段，是一家大型国际化都会购物中心，总建筑面积接近 25 万 m^2。

上海正大广场的中庭设计特点有三个方面：

(1) 多种可测与变幻莫测的不定空间。利用人的意识与行为有时存在的模棱两可的现象。以可测又变幻莫测的错层连接营造不定空间，模糊了人们对中庭的固有观念，使空间的功能更为深化，形态更为丰富。

(2) 动静结合的交错空间。在各个中庭空间中，有几座悬在空中的桥在水平方向交错配置，形成了奇特的视觉效果。其中的三座桥既可形成水平方向上的穿插交错空间，又可成为游人购物、休息、喝茶的悬浮空间。

(3) 大中有小的母子空间。在空间中，采用实际性和象征性的手法进行二次限定。如传统建筑“楼中楼”“屋中屋”的做法：卵石池边的凉亭旁是青石铺就的石桥，掩映在“古树”后的是传统的戏台。两边错落设置着各种古色古香的传统店铺，闹中取静、极其雅致（图 4.20、图 4.21）。

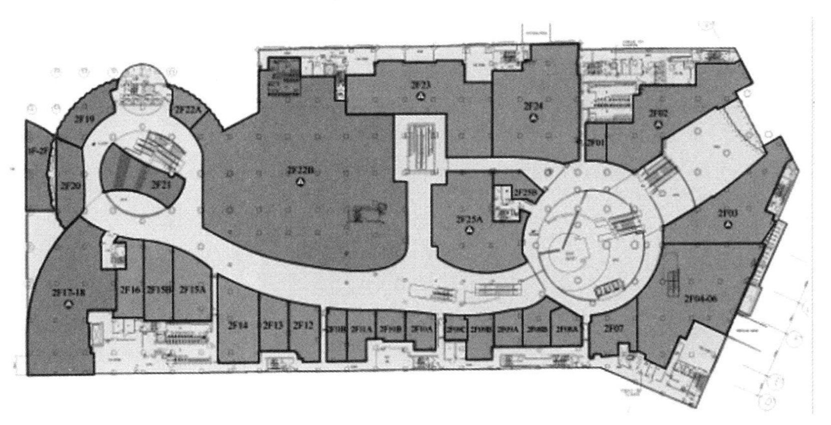

图 4.20　上海正大广场平面图

图 4.21　上海正大广场中庭

4.5.3　室内公共空间通道空间形态

“通道空间”顾名思义，是连接此地与彼地的交通空间。因其明确的线性导向性，在公共空间中起到疏导人流的作用，可以说通道空间是公共空间的“血管”。在交通空间中人们相遇的可能性较大，所以“通道”空间的设计对积极引导人们的交往活动有重要的意义。本节讲解的通道空间是指完全归属于单体建筑内部，根据组织方式可以分为水平延展的横向廊道空间、垂直延展的纵向通道以及群体建筑的连廊空间。水平通道包括各类走廊、廊道空间；竖向通道则包括各种垂直交通，如楼梯、坡道等交通元素组成的复杂空间体系。

4.5.3.1　廊道空间

廊道空间是水平向延伸的线形空间，是空间中的交通系统，也是组织空间的重要手段之一。廊道空间是人们必经的空间，也是人们不期而遇，发生偶然性交往活动最频繁的地方之一。当代公共空间的廊道空间的设计手法越来越趋向于开放，如设置开敞的过渡空间；把单调的空间分成几段并适当的利用局部扩大来避免大空间的冗长和单调；充分利用被组织的功能房间或两侧的界面，来围合成不同的开放空间等。

案例 4：多摩美术大学图书馆

该建筑是伊东丰雄建筑设计事务所设计的，位于东京郊区公园后面的略微倾斜的斜坡上，于 2007 年完工。设计者用拱形的长廊彼此串联形成开阔的公共空间，使室外的公园风景和建筑内部公共空间保持连续。创造了个性的校园建筑空间。传统的拱廊具有连续性和导向性的特征，设计者把拱廊彼此串联和交合，给划分而成的区域带来了既有个体性又和整体空间保持连续的感觉。同时这也是基于结构方面的考虑，这些用钢和混凝土做成的拱结构相互交汇，可以让拱形的底部非常细小，跨度从 1.8m 到 16m 不等，厚度统一为 200mm。底层开阔的长廊式空间，为人们穿越校园提供了更便捷的方式，使人们的流动和视觉自由的贯穿于建筑中。交汇的拱形把空间柔和地划分成不同的区域，自然光线透过外界面的透明玻璃照射进来，加上书架，不同形状的学习桌以及可用作公告牌的玻璃隔断等，形成展示空间、阅览空间、交通空间等，人们穿梭在这些拱形长廊中时会体验到不同的空间感受，仿佛走进了树林或山洞（图 4.22）。

图 4.22　多摩美术大学图书馆拱廊

4.5.3.2　垂直交通空间

通道空间在纵向延展的垂直交通空间在公共空间中有重要的作用。垂直交通的空间导向性和空间表现力较强，采光的强弱也相对比较自由，往往容易形成趣味空间。交通垂直要素主要包括楼梯、电梯、自动扶梯、坡道等。这里主要对公共楼梯和坡道的运用进行举例。楼梯是公共空间叠透的重要因素，结合中庭空间或者室外平台，成为上下、内外空间过渡的有效方式，影响着空间的自然起承转合、空间维度的丰富及空间的流动通透。坡道在公共空间中运用越来越广泛，通过倾斜的面可以使垂直交通突破界面的限制，增加空间的丰富程度。

案例 5：成都天府七中小学部

天府七中位于成都天府新区核心地段，除了与七中共享运动场地等设施外，在其仅有的 20 亩预留建设用地上，新建设 5.7 万 m^2 建筑规模的小学部。校园的二至五层通高的核心公共大厅，既是交通空间，又是可停驻的场所，也是师生们交流学习的地点，可以作为典型的非正式学习空间。π 形楼梯，承担了教室组团之间的交通联系，是内庭书院光影触媒，也是带有趣味性的交通空间。多标高的屋面平台通过楼梯、台阶串联起整体的系统，为课间的漫步游走提供更多的可能性。公共楼梯联系着楼层的入口平台，强化了流线的连续性与导向性，并成为建筑造型的亮点，与其他楼层形成“看与被看”的关系，别有一番趣味。这样的交通空间也是因为没有了明确限定而充满了各种可能性。这样的空间鼓励学生去积极的思考与行动，与那些让使用者服从于空间安排的建筑设计有着本质的不同（图 4.23）。

图4.23 成都天府七中小学部中庭的π形楼梯

4.5.3.3 连廊空间

连廊空间是指在空间之间起到连接作用的廊空间。连廊空间既可以使空间之间在功能和形式上相互连接，也可以围合成院落。连廊空间通常设置在庭院内或两幢建筑之间，增加一个空间层次作为过渡，可使从一个空间进入另一空间不至于感觉突然，以此来加强空间之间的连接性与连续性。在群体建筑中，连廊空间常常发挥其生长性作用，将空间中各个相对独立的区域连接起来，形成鱼脊式、指状、格网状的整体教学建筑群。

连廊空间有封闭和开敞之分，在形态上往往表现为架空走廊和过街楼。连廊空间很容易让人们联想起桥的形态，而把桥元素运用到空间设计中总是能带来浪漫的气息。“桥”联系着两个领域，具有很强的流动感。“桥”悬在空中，在使用过程中易形成看与被看的景象，成为两个空间的转换点，同时又构成饶有趣味的动态景框。

案例6：深圳南方科技大学南科大中心楼

由西入口步入校园，南科大中心占据视线的核心位置。穿行于各个微单元间的绿色生态走廊带动人流，形成丰富流畅的场景感，师生们可以在此散步、交流、观展、逗留、赏景。南科大中心功能涵盖餐饮中心、图书馆和综合服务楼。餐饮中心位于首层，就餐区向绿色开放，面对花园设置通高的玻璃幕墙。师生可以通过独立入口自由进入心仪的餐厅，流线互不干扰。图书馆和综合服务楼的体量舒缓上升，突破绿色走廊，将室内的视线向周边景色打开。同时两者以相同的建筑语言来组织，与餐饮中心形成一个整体。四通八达的环状系统，将不同功能的建筑体块有效率的统一在内；绿色步行长廊穿插缝合，创造出生动的公共空间；人性化的微气候使南科大中心与校园内其他独栋建筑形成对比。师生在各功能楼之间便捷穿梭，充分享受室内外的活动，不受恶劣天气的干扰（图4.24、图4.25）。

图4.24　深圳南方科技大学南科大中心楼

图4.25　深圳南方科技大学南科大中心楼连廊

4.5.4 室内公共空间院落空间形态

院落空间也是室内公共空间设计中常见的一种空间形式，院落的界面有实体和虚体之分，实体即建筑、墙等；虚体指景观、绿化等。对于公共空间来讲，院落空间属于外部空间的范畴，可以指汇集人流的中心广场或是建筑群围合的院落空间。本节阐述的院落空间指的是后者，被实体围合，有强烈的向心性和归属感的中心场所。一般情况下，无实体顶界面（即屋顶）的院落空间影响着建筑内部公共空间形态的组织和形成，室内中庭空间可以看成是院落空间的延续和发展。最早的院落空间可追溯到中世纪时期牛津大学封闭的四方院以及我国的四合院，随着时代的发展，院落空间逐渐由封闭转向开敞，并呈现多元化的趋势。本节按照当代公共空间院落的围合方式不同将其分为围合式院落、开敞立院落以及组合式院落空间，并分别举例分析。

4.5.4.1 围合式院落

单体建筑围合的院落空间是较为固定的，空间围合度高，较为封闭，受外界干扰小，呈明显的内向性，有较强的领域属性。在形态上表现为解决建筑内部自然采光通风的天井或是建筑四面围合、尺度宜人的内庭院。

案例7：上海嘉北郊野公园西北游客中心

上海嘉北郊野公园西北游客中心是公园的三个游客中心之一，在公园2号门内东南侧，东临公园内主路，北枕一条小河。场地原为徐秦村村委会旧址，是一个20世纪90年代所建南北纵长的砖混结构带有混凝土预制板闷顶和混凝土檐口的红瓦双坡顶三合院，北翼是个两层小楼，通长的西翼、南翼和稍向北伸出的东翼都是单层，院子朝东是一个比较大的开口。

整体建筑最精彩的部分莫过于院落空间氛围的营造。建筑西、南、东三翼翻新的木结构屋顶向内院出挑形成回廊，内院在北翼东南侧保留一个向东的开口，作为自行车停放点，并以矮墙分隔内外。内院的南半部场地比回廊下沉，以微地形的变化来定义不同的空间氛围。

同时通过地面材质的处理，绿化小品的设计，营造了一个蕴涵文化气息、宁静的院落空间。被围合和限定的院子可以自由穿过，从空间一侧到另一侧，甚至是穿过架空的部分到另一个院子。在空间中穿行，忍不住在这个别有洞天的院子里停留，享受亲切宁静的氛围。主体建筑的主入口进入后通过交通引导和格栅的设置，阳光经过自上而下细密木条的梳理，将斑驳的光束散满整个院落空间（图4.26～图4.29）。

4.5.4.2 开敞式院落

当代公共空间使用密度越来越大，改建和扩建建筑的项目的数量日益增多，出现了有别于传统“院落空间”的开敞式院落。其融合了多界面庭院空间的特点，形成多层次“虚空间”，从而获得底界面的扩大感。在空间形态上有空中合院和下沉庭院之分，空中合院是将建筑平台、屋顶加以利用，用廊进行联系，创造丰富的开敞式“院空间”，形态上如同飘浮在空中；下沉庭院和空间内部的天井功能相类似，不仅解决了地下空间的通风采光的问题，而且可以形成很好的景观中心，常用于非常紧张的用地。以下内容将就这两种空间形态分别进行举例。

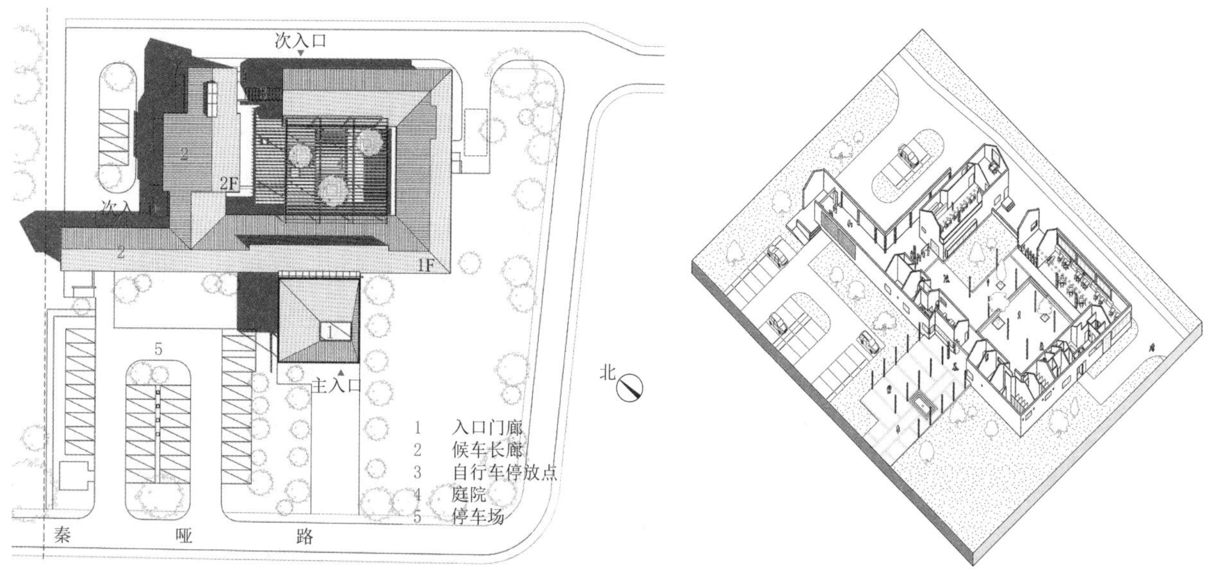

图 4.26 上海嘉北郊野公园西北游客中心总平面图

图 4.27 上海嘉北郊野公园西北游客中心轴测图

图 4.28 上海嘉北郊野公园西北游客中心鸟瞰图

图 4.29 上海嘉北郊野公园西北游客中心院落空间

案例 8：雄安建筑设计竞赛获奖作品——“空中合院”

“空中合院”项目用地为四块方形用地，总用地面积 54672m²，建筑规模 113312m²，功能以住宅为主，包含部分办公及商业配套。随着经济的迅猛发展，城市快速扩张，高楼林立，中国传统合院的空间形式在现代城市高密度发展下逐渐迷失。方案设计从追溯到畅想，从传统走向未来，以传统空间的“院”为切入点，以“合”为设计手段，珍惜中国传统合院形式带来的人情温暖，将其不适应现代生活的空间进行重构。社区营造以满足现代人的生活需求、精神需求为出发点，设计了一个“有序、复合、可持续发展”的空间网格，营造富有活力的“人情交织”社区。在空中合院组成的“合乐”社区框架下，设计将复合有序的连廊体系嵌入现代居住体系，长期以来，坊巷作为“大隐于市”的代称，一直风骨鲜明地存在，生长为中国式居住的意念符号。可以说坊巷居住文化，历经千余年沧海阡陌，依旧具有十足的生命力。整体来看，幽巷与庭院结合，尺度敞阔放达，层次分明，使人身心通透之余，又不失静谧。基于生活追求，设计根据人群、地点等要素合理赋予连廊或交通、或开放共享、或生活服务等不同性质的灵活功能。例如，养老公寓，靠近社区卫生服务站设置，可无障碍到达社区健身廊，而社区健身廊可为社区老人提供相应健身设施；又如托幼育儿中心，在靠近住区的连廊系统端头设置，保证管理安全，以及居民与办公加班人群的需要；再如智能化无人酒店，可满足会客后无条件留宿客人过夜的家庭，以及出差办公留宿或短期租房的办公人群需要，特殊时期还可用作临时隔离点等。利用全业态共享的连廊形式，营建满足不同人群生活需求的未来温馨场景，我们期待能够孕育出未来生活新体验（图 4.30、图 4.31）。

图 4.30　雄安建筑设计竞赛获奖作品——“空中合院”

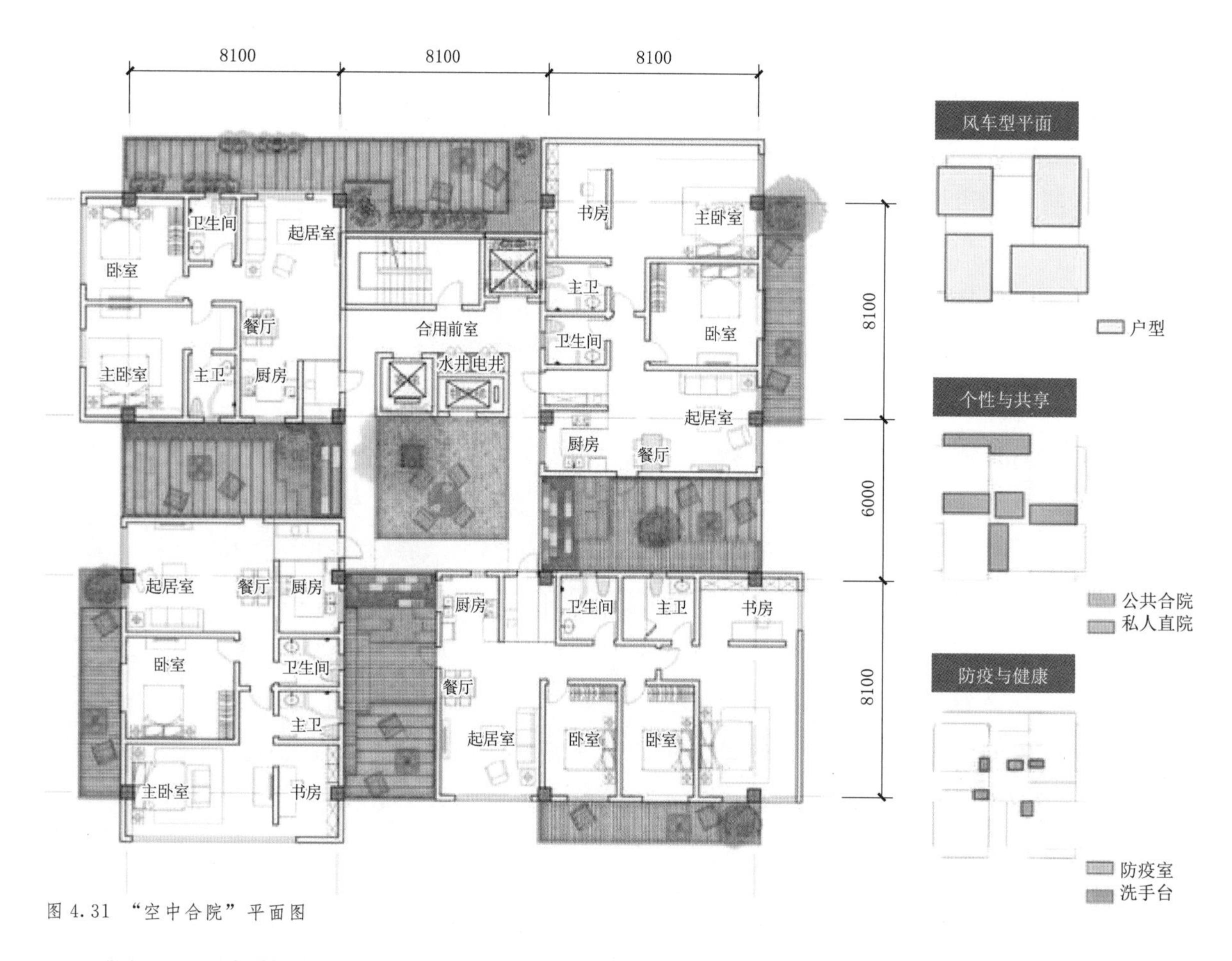

图 4.31 “空中合院”平面图

案例 9：成都麓湖漂浮总部办公楼

成都麓湖漂浮总部办公楼位于成都麓湖生态城的北部湖岸半岛，由 11 座办公楼宇和它们围合出的 3 个院子构成。在这个项目中，设计师希望用空间的方式向人们发出邀请，让自然环境与公共空间为高密度办公建筑及它所承载的生活方式带来新的可能。

北侧邻接城市的“下沉院子”采用更为工业化的铝幕墙和混凝土砌块作为城市街道空间界面的主要材料，并设置丰富的垂直交通与下沉庭院空间，将城市的活力与多样性引入，完成从城市公共街区到相对私密的办公空间的过渡（图 4.32）。

图 4.32（一） 成都麓湖漂浮总部办公楼下沉空间

图 4.32（二）　成都麓湖漂浮总部办公楼下沉空间

4.5.4.3　组合式院落

组合式院落空间是指多个院落空间按照一定的秩序和规律，彼此咬合或串联起来，形成相互关联的有机整体。其往往是整个建筑群空间组合的关键，影响着公共空间构成模式，甚至影响着公共空间外部形态。随着当代公共空间规模的扩大和空间功能的拓展，组合式院落空间发挥了可生长性优势，多个复合式院落空间水平或是纵向发展，往往形成功能复合的巨构型空间形式。组合式院落提供了一个连续的交往场所，增加了行进过程中的知觉体验，形成丰富的空间形态。

案例 10：苏黎世联邦理工学院学习中心

日本 SANAA 建筑师事务所为苏黎世联邦理工学院设计的学生学习中心，是一个大型开放的院空间组合整体。建筑围绕着一系列内部院落而起伏，在地面上连续蔓延，如同丘陵、河谷和高原形成的自然波动。这里没有传统意义上的物理的界面，整个学习中心是模糊和暧昧的流动空间，既是学习场所也是交往空间。体现了设计者对公共空间的理解：透明而连续的社交场所。

整个建筑有大大小小 14 个庭院，有的如同“天井”，给大进深的空间提供自然通风和采光；有的是大片的绿地，学生可以尽情地休息和娱乐；有的庭院可以随意地穿梭和游走。建筑内部的空间是流动且连续的。内部并没有常规意义上的房间，而是依靠地表来创造建筑空间，使各空间在人行进过程中相对独立而又彼此联系。例如，通过建筑底面高度的变化形成听觉分离区，来划分公共空间中相对安静和开放的区域。随着建筑地表的起伏，人们可以自由地穿过建筑，从一个院落到另一个院落，拱起的建筑形态构成了整个院落的入口空间，同时也建立了校园和建筑庭院的视觉联系。此外，SANAA 惯用的柔和曲面边界、透明的玻璃让内部与外部很自然地融合（图 4.33～图 4.35）。

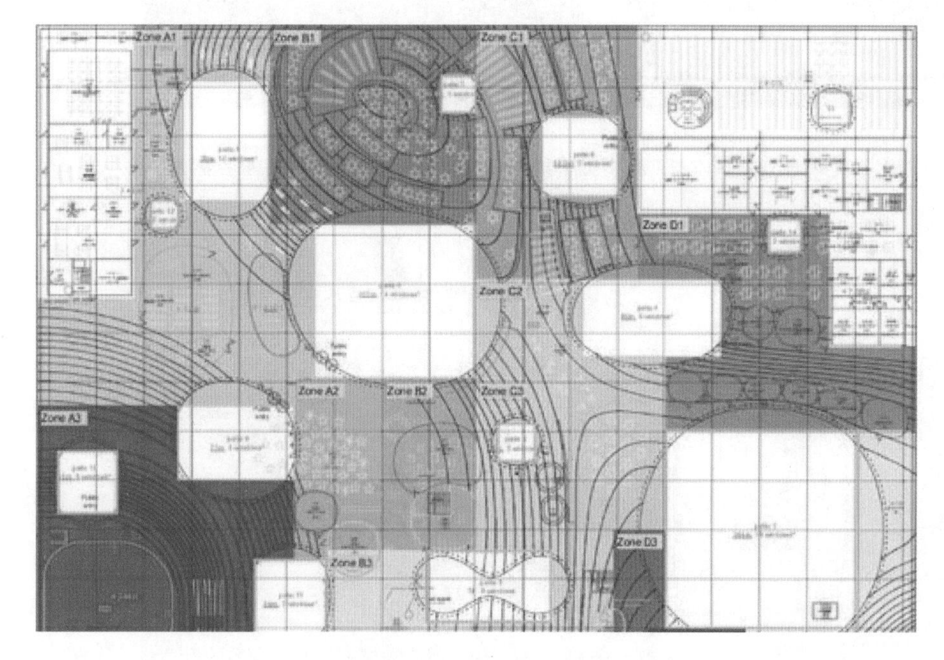

图 4.33 苏黎世联邦理工学院学习中心平面图
（图片来源：ArchGo 世界优秀建筑）

图 4.34 苏黎世联邦理工学院学习中心鸟瞰图
（图片来源：ArchGo 世界优秀建筑）

图 4.35　苏黎世联邦理工学院学习中心
（图片来源：ArchGo 世界优秀建筑）

作为公共空间的一种基本形式，院落空间有明显的开放性特征，其开放程度又取决于被围合界面的开放度。当侧界面的四面都围合时候，空间较为封闭，呈现明显的内向性；当侧界面的三面围合并具有较大进深时，空间半开敞，有强烈的线形轴向感，为街道型院落；当底界面下沉或抬高的时候，院落空间表现为多维度的立体式庭院空间；当侧界面的围合方式复杂多变时，院落空间呈现多层次的动态特征，可形成富有变化的空间序列。

围合的界面、空间的尺度、空间序列的层次性等都影响着院落空间的场所感。同时，自然元素的加入可以丰富空间氛围，如水易于创造宁静亲切的空间；树木更具有标识性和归属性。另外，院落空间还是空间文化内涵、地域特性、经济水平的外在体现。观夏国子监四合院的店铺设计花了一年的时间，围绕着“取舍”的概念对这座四合院进行修缮，保留住了完整的三进式四合院的精气神，同时也为其注入了新的生命，一改四合院私宅的属性，将其设计修缮为一个友好的公共空间。四合院惯有的传统影壁墙被换成了玻璃墙面，院落中和门口还设计了可供路人小坐的区域。通过植被设计增添了人文氛围和生活气息，营造出尺度宜人、让人愿意驻足的院落空间（图 4.36、图 4.37）。

院落空间与环境相生相依、紧密相连，空间往往依地形而建，顺山势跌落。被围合的院落空间有强烈的向心性和归属感，使人们驻足停留。信息在这里传递，思想和情感在这里碰撞，是一种可以促进人们交流交往的活力空间。

图 4.36 观夏国子监四合院店入口空间

图 4.37 观夏国子监四合院店院落空间

4.5.5 灰空间

“灰空间”的概念，最早是由日本建筑师黑川纪章提出来的。一方面指色彩，另一方面是指介乎于室内外的过渡空间。作为介于封闭空间与开放空间之间的暧昧空间，“灰空间”在一定程度上抹去了建筑内外的界限，使两者成为一个有机的整体，空间的连贯消除了内外空间的隔阂，给人一种自然有机的感觉。黑川纪章曾经这样描述“灰空间”：“这种空间已经被看作为一种重要的手段，用来减轻由于现代建筑使城市空间分离成私密空间和公共空间而造成的感情上的疏远。”灰空间作为封闭空间与开放空间的介质所存在，突破了封闭空间的制约，使建筑室内外能够有机地联系在一起，创造出连贯的、统一的建筑空间，使建筑给人一种自然的、有机的整体感觉。“灰空间”也是人们通过建筑的建构形成的有利于人使用的空间，西方古典建筑的柱廊，日本传统建筑中的檐下。中国古建筑中亭、台、榭、廊、舫、轩等，都含有“灰空间”的意义。

“灰空间”在室内公共空间设计中起到不容忽视的作用，它的存在给人们提供了交往活动空间的同时也满足了人们的心理需求，是一种给人以信赖感与领域感的空间。随着我国社会经济、科学技术的发展，公共空间在人与人的交往过程中扮演着日益重要的角色，与以往相比在建筑尺度、设计思维、空间模式上都有了更新的发展。公共空间在满足多项基本功能的前提下，还需将建筑内外空间品质的协调、人心理生理的需求作为重点来设计。一个良好的公共空间设计应从某种程度上通过建筑形式表达出包容性、批判性和多元性，给人留下亲切感。一方面，通过“灰空间”的穿插与渗透丰富了空间层次，减少了公共空间带来的冷漠感，真正符合了以人为本的需求；另一方面，公共空间成为具有吸引力的场所，充分融入到人们的日常工作与生活之中，改善了环境，体现了公共空间的本质意义。

“灰空间”从形态类型上，可分为外廊空间、底层架空空间以及由建筑形体交错、穿插形成的凹凸空间。

4.5.5.1 外廊空间

外廊空间区别于建筑内部的廊道空间，是建筑形体在局部架空的基础上，用柱列或是其他通透的元素限定而形成的廊空间，其更具有连续性和开放性。外廊空间往往出现在建筑底层，形成与自然环境接触的柔和界面，在给人以某种庇护的同时更多是给予心理上的安慰。

案例 11：福建龙岩工人文化宫

龙岩工人文化宫新址位于城东新罗区的三角形用地内，小溪河从基地西南侧流过，景色宜人。整个设计中令人印象深刻的是由连续的外廊组成的开敞的公共空间。通过连续走廊，围绕建筑，环绕中央庭院。市民可沿外廊拾级而上，可由职工文化广场到达不同楼层，最终到达屋顶花园。外廊既是水平交通，又提供了垂直联系，也为市民提供了连续的遮阳、避雨的半室外空间。柱廊有序排列，之间穿插座椅，为人们提供了随时驻足小坐的空间，有利于形成活跃的交流气氛，同时加强了建筑内部空间和庭院空间的过渡和渗透。

项目中大量的半室外灰空间。一方面消解了建筑体量、回应了城市气候、组织了各类交通，另一方面，消弭了室内与室外的边界，模糊了自然、城市、建筑、市民间的边界，营造出各种尺度、氛围的“对话”空间，市民间的对话，市民与自然的对话、空间与城市的对话无处不在，无尽的风景和故事交织相伴而生，空间也因此生动了起来。整体环境静谧深邃，既有丰富渗透层次，却又不失空间秩序（图 4.38）。

图 4.38　福建龙岩工人文化宫外廊空间
（图片来源：谷德设计）

4.5.5.2　底层架空

1926 年柯布西耶提出著名的“新建筑五点”中居于首位的就是底层架空。底层架空设计，一般是把建筑物（单体或多幢）的底层（或可能通高数层）的部分或全部空间，去掉其正常的围合限定（如墙、窗等），使之成为通透、延续的空间，常表现为支柱层的空间形式，有的可为大面积的无柱空间，是有“顶”而无围护的空间。一般不用于具体的功能，而是引入绿化、休息设施等作为人们公共活动的空间。架空空间有助于视线通透并创造连续不被分割的地面交往空间，在用地紧张局促的场地内，易于形成开放的界面。同时，在南方亚热带、热带典型的湿热气候地区，底层架空留出的阴影空间，一方面可遮阳避雨、提供宜人的公共开放空间；另一方面丰富了空间的景观层次，形成通透、轻巧的空间风格（图 4.39）。

图 4.39 萨伏伊别墅的底层架空设计

案例 12：深圳坪山美术馆

坪山文化聚落包含美术馆、大剧院、图书馆三个主要功能。首先，根据整体布局策略，将 7.4 万 m^2 的大体量空间碎化成由具体功能单元组成的独立小体量，这些小体量在垂直方向上相互叠落，创造出一个立体的空间系统。其次，在三个主要功能建筑的底层采取了架空的策略，利用一个连续架起的两层高巨构体量将它们由南向北串联起来，将聚落中的各种共享功能置入其中。在布局方面强调“通、透、空”，并与当地的环境气候紧密结合。采用的底层架空形式，视线实现南北通透，吸引着人们进入建筑中，从而增加了建筑与环境的交往与融合，使之成为城市空间形态的组成部分，派生出明暗交替、景致变幻的空间。底层架空的策略也使得城市的空间体验能够从美术馆中得以延续。在建筑底层设置主要入口，引入了日常商业空间，在美术馆地块内建立起更加日常的生活空间氛围。希望在美术馆日常运营时间以外，建筑群落的其他功能也能够长时间对城市友好开放。人们可以在一天中的任意时间穿越美术馆，从住宅区到达城市公园，或是沿着台阶漫步向上。漫游路线从首层延伸至二层平台，将城市中的人们引向美术馆二层门厅及其他商业空间（图 4.40、图 4.41）。

4.5.5.3 凹凸空间

通过空间形体交错、穿插形成的凹凸空间，是室内外的过渡空间。与形体凹凸而形成的连续的中庭空间相较，“灰空间”范畴里的凹凸空间则是无侧界面的，更强调其作为过渡空间的渗透作用。凹凸空间不局限于依赖地面为基本的连接物，而是空间的每个层次都以某种新的联系发挥着作用。凹凸是一个相对概念。凹空间指由于建筑形体局部退让而形成的一种空间形态，一般只有一面或两面对外开敞，因此受自然界干扰较小，空间相对比较安静和私密；而大部分的凸空间将空间的局部挑出室外，使其三面与自然接触，更注重室内外的融合，空间开敞而富有活力。

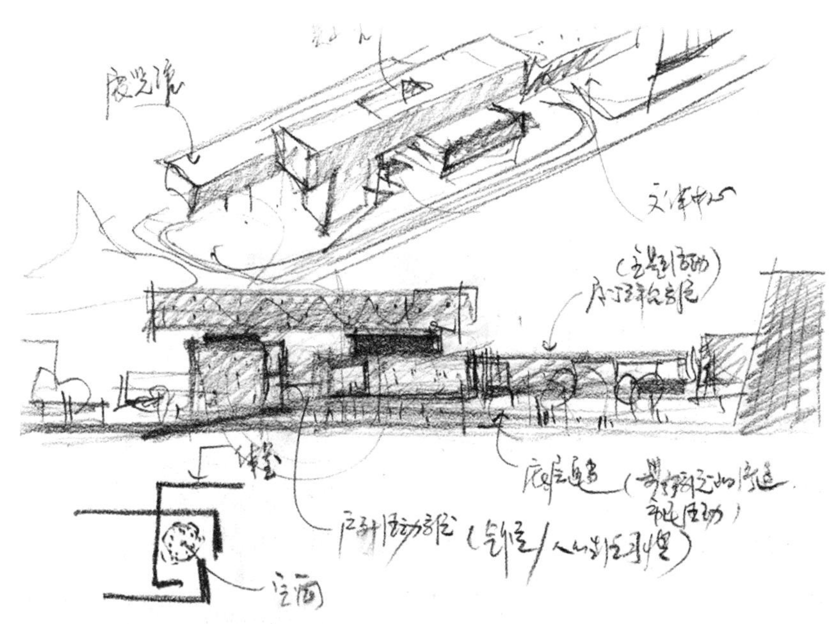

图 4.40　深圳坪山美术馆设计草图

图 4.41　深圳坪山美术馆的底层架空设计

案例 13：东海大学音乐暨美术系馆

这是东海大学艺术园区整体设计中的第一期工程。整个建筑群包含音乐系馆、美术系馆、1200 座与 60 座的音乐厅各一座。设计者将各种机能整合于单一建筑体中，空间的组织以“盒中盒”的概念发展成一座拥有生态外壳的建筑。

在对基地特质的充分考虑的基础上，设计者将原本校园空间内涵转化成为内部空间规划的参考，以合院的空间形态来创造校园轴线上各个教学单位的开放及停留空间。音乐系与美术系围合和限定成的公共空间成为校园的新轴线，和东海校园的精神中心——路思意教堂交相呼应。

建筑空间将教堂具有象征意义的双曲墙面，由垂直向度翻转为水平向度的地景轴线。内外翻转的结构格子梁与静态的神圣空间，形成立体绿化的墙与景观活动廊道。墙面上的局部开口，让光线穿梭于学习与生活领域，丰富了人们的感知。同时，建筑界面形成的灰空间成为学生交流交往的重要场所。

左侧的音乐系与右侧的美术系内部空间氛围截然不同，美术系在行进经验上强调视觉向外延伸，空间具有线性交错与开放性的动态感，运用坡道作为基地回路的一部分；音乐系则是较为封闭的、静态的空间感，以中央垂直的动线串联各个音盒。该系的空间组织由位于屋顶及二楼分割位于立体斜对角关系线形成的活动据点平台，将师生活动关联起来。在材料的运用上，光滑的大理石材与大量的洗石子、清水模墙形成对比，更加丰富了人们对空间和环境的感知（图 4.42）。

图 4.42　东海大学音乐暨美术系馆

“灰空间”开敞、通透、灵动，易于形成多层次的空间序列，可以创造连续的交往界面，还可使空间与周围环境发生积极的对话。在设计中应多层面考虑尺度、界面、组织方式等空间设计因素，发挥“灰空间”最大的活力与价值。从某种意义上讲，“灰空间”在公共空间与城市互动的过程中扮演了重要的角色，在承认公共空间与城市独立存在的同时，应优化作为中间层次的环境品质，续写空间内涵。

思考题

1. 形态设计的类型有哪些?
2. 形态设计的概念是什么? 原则有哪些?

第5章 室内公共空间生态设计与智能设计

【本章导读】 本章主要介绍了室内公共空间中生态设计和智能设计的相关理论与案例，希望读者能够关注绿色环保与低碳设计的政策背景，在设计中优先选用环保材料，构建低碳环保的空间环境，尽力减少对环境的污染，践行绿色设计理念，培养环保意识与责任感，共同营造绿色环保的公共空间。

第5章课件

5.1 室内公共空间生态设计

5.1.1 室内公共空间生态设计理论及发展

生态设计是指那些与生态环境相协调的，把对环境的破坏降至最低的设计形式。这种协调是指节约资源，保持一定范围的生态循环，维持生存及生活质量，以改善人居环境及保持生态系统的健康。室内生态设计即指在微观环境或者室内环境中的生态设计。室内环境中的材质、光照、植物等都属于生态设计，这些自然生态不仅构成微观环境的物质基础，还是一种具有多重社会价值的“文化资源”。由此可以总结出生态设计就是在人与自然协调发展的观念指导下，依据生态学原理和美学原理，实现人、自然环境与建筑之间的协调发展（图5.1、图5.2）。

而室内公共空间生态设计的概念主要涵盖两个方面：一是提供有益健康的公共空间建成环境，并为使用者提供高质量活动的环境；二是在保证完整功能性的基础上尽可能减少能耗，保护环境、尊重自然。既利用天然条件与人工手段创造良好的富于生气的环境，同时又要控制和减少人类对于自然资源的使用，实现向自然索取与回报之间的平衡。室内公共空间生态设计体现了人工环境与自然界之间的一种动态平衡（图5.3、图5.4）。

图 5.1　上海 The Roof 恒基旭辉天地室内

图 5.2　黄冈居然之家垂直森林城市综合体

图 5.3　巴西阿尔伯特・爱因斯坦医学教育研究中心

图 5.4　越南 Flamingo Dai Lai 度假区 SPA 馆室内空间

5.1.2　室内公共空间生态设计基本原则

在这个急剧变化的时代，人们既希望从传统中找回精神的家园，以弥补快速变化带来的心理失落与不安，适应现代生活在物质需求逐渐得到满足后的需要，人们在精神上的需求日益强烈，并渗透到更深的层次，这就是生态设计的社会心理来源。在公共空间设计方面，进入新世纪后，逐步实现的楼宇智能化也将有助于人性化绿色室内空间理想的实现。

从本质上来说，生态设计是一种生态伦理观和生态美学观共同驾驭的生态建筑发展观。室内公共空间生态设计应当遵循以下六条原则：

(1) 注重自然的原则。注重自然是生态设计的根本要义，是环境共生理念的表现。要求在设计过程中正确处理公共空间与环境的关系，给予自然环境更多的关心和尊重，主要体现在：①建筑场地方面，需要考虑包括建筑物的朝向，空间定位、布局，对地形地势的利用，场地气候条件，风向、光照对空间的影响，植被的设计等；②节省能耗方面，建筑能耗是建筑物对自然界造成的主要间接危害之一，因此如何尽可能多地降低能耗、提高效率成为室内公共空间生态设计的一个重要议题；③可再生资源的利用方面，在设计中应尽量考虑利用可再生的能源，如太阳能、天然能源的利用，自然的采光、通风、降湿等；④尽可能采用当地技术、材料，以降低建造成本；⑤尽可能使用无污染、易降解、可再生的环保材料（图 5.5）。

图 5.5　沈阳白沙岛金融生态小镇社区中心
（图片来源：每日建筑）

(2) 建立自然环境与使用者沟通的原则。空间作为联系使用者与自然环境的桥梁，应尽可能多地将自然元素引入使用者身边，使人能够拥有更加健康、舒适、充满活力的室内环境。对于自然元素的引入，增强使用者与自然环境的沟通是室内公共空间生态设计追求的主要目标之一，它的原则主要体现在：①尽可能增加自然采光系数，建立空间内外高品质的自然采光系统；②创造良好的通风对流环境，建立自然空气循环系统；③建立水循环系统，将水引入部分公共空间环境中；④建立立体的多层次绿化系统，净化小环境，改善小气候；⑤创造开敞的空间环境，使用者能更加方便地接近自然环境。

(3) 集约化原则。生态设计的概念中资源节约是重要内容之一。新时期的室内公共空间设计应当从传统的粗放型转向高效的集约型思维。生态设计的集约化原则包括两项基本内容：一是对高效利用空间的追求。在合理利用室内空间环境的同时，应当充分开展室内空间的研究，使被围合的空间与室外环境形成一个有机协调的发展的立体网络。在室内公共空间设计中，应认真研究人的行为心理特征和行为时差相适应的空间系统，合理安排各种空间关系，将大大有助于空间效益的提高；二是空间节能和生态平衡，减少各种资源和材料的消耗，提倡 3RE 原则，即减少使用（Reduce）、重复使用（Reuse）和循环再生使用（Regain）。积极开展被动式设计研究和有机材料的研究。

（4）注重本土化原则。随着经济发展和人们生活水平的提高，对室内公共空间的设计也有了更高的要求。因此，应在设计中融入本土化特色，营造出具有地域特点的室内公共空间，同时应在特定地域条件的基础上（包括地域气候特征、地理因素、地方文化和风俗传承），充分利用当地材料，并从中探索利用现代高新技术与当地适用技术的结合（图 5.6）。

图 5.6　上海演艺与展示中心室内空间

（5）生态美学原则。生态美学原则是指以生态环境的美感形式为研究对象，依据美的规律，营造和谐、诗意的生活环境。生态美学其实就是生态学和美学的结合，生态学研究物种之间的和谐，而这种和谐同时也是美学的研究对象。生态美学在传统审美中加入了生态因素，它强调自然美，欣赏简洁质朴，遵循生态规律。一个具有生态美的室内公共空间代表的是人与环境的和谐，因此，应该深刻理解生态美学理念，逐步将生态美学原则融入于实际的设计之中（图 5.7、图 5.8）。

图 5.7　西班牙“大航海”餐厅

图5.8　成都云镜·花园火锅餐厅

(6) 公众参与原则。传统设计认为设计是一个高雅而独立的艺术创作过程，一般都是由设计师独立完成。与之相反的是，生态设计的一大特点就是认为人人都是设计师，人人都可参与设计。因为每个人都是生活的参与者，而生态设计正是面向所有人共同的未来。从交通方式的选择、食物的选购、包装袋的设计等都是生态设计的内容。而公共空间的生态设计更需要公众的参与和监督，从而建立和加强生态设计的价值取向（图5.9）。

图5.9　上海创智农园共享花园

5.1.3 室内公共空间生态设计方法

生态设计是设计过程中的一种整体解决方案，贯穿于室内公共空间设计的各个方面，以及建造、使用乃至项目终止使用的整个过程。其目的是将用户的使用要求和对天然再生资源的利用有机结合起来，对场地环境、建造过程、运行与维护等因素进行统筹分析，紧密结合地域条件，在各个环节中采用各种高新技术，与合理的设计手段全面协调，在创造一个健康宜人的室内环境的同时，尽可能地降低能耗和减少污染。

5.1.3.1 室内公共空间光环境生态设计

光不仅是照明的发生器，同时也是表达空间形态，营造室内环境氛围的基本要素。室内光环境的好坏直接影响到人们的身心健康、工作效率与室内氛围等，因此需要设计师科学地利用光线来营造健康、舒适、生态、美观的室内光环境。

在室内公共空间光环境生态设计方面，尽可能采用自然光照明，减少电能消耗。自然光作为一种自然资源，具有重复利用的特性和极好的显色性，此外，直射阳光能杀灭细菌，促进人体新陈代谢，为人体带来生气。这些特点是人工照明无法比拟的，人们应充分发挥科技优势，在设计上充分利用好自然光。如通过在窗口上布置反光装置将自然光尽可能地反射传递到室内深处，使光线在室内分布均匀，减少照明用电能耗。在将自然光引到室内时，设计者须明确何处需要光照以及光的主要的反射面和次要反射面。对于较大的公共空间来说，天花板常常是较好的反射面，在这种情况下，设计时应使天花板有较高的反射能力，表面尽量平整，减少反射死角。

在灯具的选择方面应优先选择节能光源，实施绿色照明。自然光取之不尽，既清洁又安全，不仅使人感觉舒适，还具有更高的视觉功效。但是，大自然有昼夜阴晴之分，所以人工光源的使用也必不可少。进行照明设计时，在保证照明质量的前提下，应优先考虑使用荧光灯、金卤灯等节能光源。

在公共空间光环境氛围的营造上，灯光色彩的处理显得尤为重要。设计师应该把握不同色彩对人心理感受的影响，合理搭配使用灯光色彩。如冷色光起到安定情绪的作用，柔和的暖色如橙色能增加人的食欲，餐饮空间宜使用此种光色，办公空间宜选择白色荧光灯等（图 5.10、图 5.11）。

图 5.10 小吊甘棠概念餐厅光环境设计

5.1.3.2　室内公共空间声环境生态设计

图 5.11　某度假酒店大堂光环境设计

(1) 注重室外噪声源的研究及建筑隔声。由于公共空间室内声音现状受前期建筑选址的影响较大，一个理想的室内声环境的创造还要结合空间周边环境来考虑。在任何情况下，要使噪声衰减超过 20dB 都不容易。因为声音存在折射和反射，所以，我们在项目建设前期应注意对周边噪声声源进行测试，远离噪声声源，这是降低噪声最直接、有效的方式。同时注意空间之间的距离不宜过近，应保持适当距离，避免声音的相互干扰。面对面布置的两间房间，只有当开启的窗户间距 9～12m 时，才能使一户间的谈话声不致传到另一间。而同一墙面的相邻两户，当窗间距达 2m 左右时，才可避免在开窗情况下一般谈话声互传。

此外，为减少门窗和墙体传入噪声，设计师应重视对门窗和墙体的隔声设计。当窗户关闭时，室内噪声级可降低 5～10dB；当采用密封性能较好，2～3 层中空玻璃的门窗时，降噪可达 15dB 左右。墙体围护结构材料的隔声性能受自身条件的限制，隔声效果存在缺陷，应对其进行技术处理，如在墙体中间留一定厚度的空气层；对混凝土多孔砖墙体加双面粉刷；墙体中间加入岩棉等吸声材料，使其隔声效果达到 55dB，以符合国家现行标准的要求。同时，楼板的隔声设计也不能小觑，通常有两种技术处理措施：吊顶和在楼面铺设富有弹性的面层。

(2) 合理布局空间的使用分区。公共空间平面布局要特别注意空间的动静分区，合理进行平面布局可以降低噪声 10～40dB。对于噪声大的机械设备应集中布置在独立的空间里，进而采取消声技术对其进行声音屏蔽，防止或减少噪声对人们正常工作和生活的影响。降低噪声横向传播的同时，还要注意噪声的竖向传播给人们带来的影响。如不应在酒店客房、会议室等空间的上方布置卫生间或者噪声大的其他房间。

(3) 进行计算机辅助模拟声学设计。用计算机模拟室内声场的研究始于 20 世纪 60 年代末，它的出现首先给经典混响理论带来了革命性的冲击，并逐渐成为室内空间声学研究的重要手段。计算机声环境模拟使建筑师、工程师从经验主义中释放出来，为实际工程应用提供了可严格控制、按需调节的空间声学处理手段，使室内空间声环境的研究走上了定量、精准、科学的轨道，同时也能通过方案比较，找出最佳方案。

5.1.3.3　室内公共空间热环境生态设计

(1) 墙体的节能设计。由于室内外温差的存在，热量通过建筑外围保护结构墙体进行传递，为了降低热量的损失，保持室内适宜温度、节约能源，我们通常的处理方法是选择保温隔热性能良好的材料，进行墙体节能设计。常见的做法有三种：内保温型复合墙体、中间保温型复合墙体、外保温型复合墙体。

此外，建筑的顶面、地面也会进行热量的交换。混凝土层在热应力作用下产生龟裂，所以，在屋顶通常设置保温层，同时设置通风隔热层。目前新型的有机保温隔热材料，如聚苯乙烯泡沫塑料板已开始被广泛使用。同时，通过绿化屋顶可降低住宅的外表温度，减少住宅屋面结构的温差变形，避免项层结构的伸缩裂缝，从而有效地改善顶层居民的生活环境。

（2）门窗的节能设计。门窗是建筑及空间能耗散失的最薄弱部位，其能耗占建筑总能耗的比例较大，传热损失为 1/3，冷风渗透为 1/3，所以在保证日照、采光、通风、观景等条件下，提高外门窗的气密性，改善住宅门窗的保温性能，对于室内舒适、生态热环境的创造是十分重要的。常见的节能措施包括采用钢塑复合窗，这样可以避免金属窗产生的冷桥，以及塑料、木窗的不耐久性。并按照规定，设置双层玻璃或三层玻璃窗，并积极采用中空玻璃、镀膜玻璃，有条件的住宅还可采用低辐射 Low-E 玻璃。

此外，室内可使用镀膜窗帘。在冬季镀膜层可使热量在室内循环而减少供热用能。而在夏季，又可防止强烈的太阳辐射从而减少制冷用能。一些国家早就重视遮阳及窗帘，并发展了集遮阳、保温、隔热与防盗为一体的外窗帘板，有的采用铝质或塑料百叶，有的采用钢卷帘或布卷帘，也有采用横向推拉式的。

对于提高门窗的气密性，减少冷风渗透，可通过在门窗框与墙间的缝隙用弹性松软型材料（如毛毡）、弹性密闭型材料（如聚乙烯泡沫材料）、密封膏以及边框密封：框与扇的密封用橡胶、橡塑或泡沫密封条以及高低缝、回风槽等；扇与扇之间的密封用密封条、高低缝及缝外压条等；扇与玻璃之间的密封用各种弹性压条等来处理。

（3）优先采用清洁能源进行室内热环境创造。目前，人们普遍采用的机械制冷空调设备会消耗大量电能，且人久居在空调房里身体会感到不适，容易患上所谓的“空调病”。所以，在进行设计时，尽可能考虑自然通风的方式，留出对流空间，以保证自然风的顺畅流通。此外，优先采用太阳能、风能转化的热能，利用这类能源，不但可以使室内公共空间环境更加清洁、舒适，同时也可减少对室外环境的污染。室内舒适热环境的营造有时也受建筑选址、布局、朝向、间距、风向、太阳辐射影响，以及建筑外部空间环境等客观条件的限制，机械设备的使用是必不可少的，但是应尽可能采用低能耗的、运行效率高的变水量、变风量、变制冷剂流量的节能系统，以及可回收能量的空气调节系统等。

（4）室内装饰节能控制。公共空间中装饰材料的质感、色彩，以及灯光的选择，加以软装的搭配和室内绿色植物的布置都会影响到人们的对于室内热环境的主观感受。相同室内温度条件下，暖色调的房间比冷色调的空间更会给人以温暖的心理感受。选择适宜的中性色彩，有利于提高空间的舒适度。所以，我们要根据不同功能要求进行合理设计，营造舒适的室内热环境。家具及设施是人们直接使用和接触最多的部分，选用家具及设施的时候，应注意家具的布置方式，其直接影响着室内气流的导向。同时，绿色植物是创造公共空间生态热环境的有效手段，绿色植物的合理选择、摆设，有利于改善室内空气质量、湿度条件，降低室内温度，让人们对气候感受的心理需求得到满足。

5.1.3.4 室内公共空间绿色植物生态设计

用绿色植物布置环境是创造生态空间环境的有效手段。阳光、水以及充满生命力的植物，已成为设计公共空间环境的必要元素。现国际上已十分重视室内环境的生态设计研究和实践，提出了“绿视率”理论并开展了一系列绿色运动。“绿视率”理论认为：绿色是一种柔和、舒适的色彩，给人以镇静、安宁、凉爽的感觉。据测试，绿色在人的视野中达到 20% 时，人的精神感觉最为舒适（图 5.12～图 5.14）。

图 5.12　墨西哥帕帕洛特儿童博物馆

图 5.13　墨西哥帕帕洛特儿童博物馆剖面图

图 5.14　意大利“超级树屋”

绿色植物还可以降低太阳辐射，有绿色植被覆盖的空间或墙体的平均温度比无植被覆盖的低 12.7℃，可以通过叶片的吸收和反射作用降低空间的温度和热量。据专家研究，叶片吸收 40%的热量通过周围通风散失，42%的热量通过蒸腾作用散失，其余通过长波辐射传给环境空间。

绿色植物的空间介入还有利于帮助人们在紧张的状态下得到适当的放松，使得空间充满生机并给人以愉悦的视觉效果。可以预见，绿色植物在促进空间中空气清洁新鲜、改善空气湿度条件、降低温度等方面均能起到积极作用。

从净化室内环境、保护人体健康的角度上看，绿色植物不但要提高空间观赏性，还要能净化空气，调节室内气候，有些还要吸收空气中的有害气体。所以，室内植物的选择要无毒、无不良气味、无花粉飞扬、无毛刺，以避免对室内人员有不良影响。同时，这些植物还要易于管理，病虫害少。

观赏性植物类型包括：单株观赏植物、盆景、插花。布置观赏性植物的时候要根据不同的空间和要求，结合植物本身的习性来合理摆设。净化室内空气的植物主要有：①洋绣球、秋海棠、文竹等在夜间可吸收二氧化碳、二氧化硫等有害物质；②吊兰、非洲菊、金绿萝、芦荟可吸收空气中的甲醛；③铁树、菊花、常青藤可吸收苯的挥发性气体；④龟背竹吸收二氧化碳的能力很强。⑤扶郎花可吸收空气中的苯；⑥月季能吸收氟化氢、苯、硫化氢、乙苯酚、乙醚等气体；⑦红颧花能吸收二甲苯、甲苯和存在于化纤、溶剂及油漆中的氨；⑧龙血树（巴西铁类）、雏菊、万年青可清除来源于复印机、激光打印机和存在于洗涤剂和黏合剂中的三氯乙烯；⑨米兰、腊梅等能有效清除空气中的二氧化硫、一氧化碳等有害物；⑩玫瑰、桂花、紫罗兰、茉莉、石竹等芳香花卉产生的挥发性油类具有显著的杀菌作用；⑪仙人掌等原产于热带干旱地区的多肉植物，在吸收二氧化碳的同时，制造氧气，使室内空气中的负离子浓度增加。

5.1.4 室内公共空间生态设计实例分析

目前，具有代表性的公共空间生态设计优秀案例较少，须结合生态建筑来讲解室内生态设计的具体运用。下面将列举清华大学设计中心办公楼和美国 Audubon 国家机构总部这两个实例，从能源利用、材料选择、室内绿化等方面对室内生态设计的运用进行简要分析，希望能提供一些启发。

案例 1　清华大学设计中心办公楼

清华大学设计中心楼是一栋根据绿色生态建筑设计理念进行设计建造的综合型办公建筑，为北京市科学技术委员会科研项目，作为 2008 年奥运建筑的“前期示范工程”，旨在通过其体现奥运建筑的高科技、绿色、人性化。同时是国家“十五”科技攻关项目“绿色建筑关键技术研究”的技术集成平台，用于展示和实验各种低能耗、生态化、人性化的建筑形式及先进的技术产品，并在此基础上陆续开展建筑技术科学领域的基础与应用性研究，示范并推广系列的节能、生态、智能技术在公共建筑和住宅上的应用（图 5.15）。

图 5.15　清华大学设计中心楼

清华大学设计中心楼设计是从 1997 年开始进行的，到 2000 年该楼竣工交付使用。设计本楼的目的就是要为清华大学设计研究院的员工提供一个健康、高效、舒适的工作环境，设计的总目标为“运用常规建造技术（可适宜技术）和生态建筑理念把本楼建成一座现代化的绿色生态办公建筑”。该楼建成之后，使用者普遍反映良好。建成后根据实际使用情况以及对使用者的问卷调查，并对该楼进行了为期一年的全天候不间断的自动仪表记录检测证明，该楼的室内热物理环境各种参数均符合原设计指标，室内空气品质各项指标全部合格，太阳能发电装置节能效果显著。该楼使用后有明显的节能效益。因而，这是一项绿色（生态）空间设计的有效实践（图 5.16）。

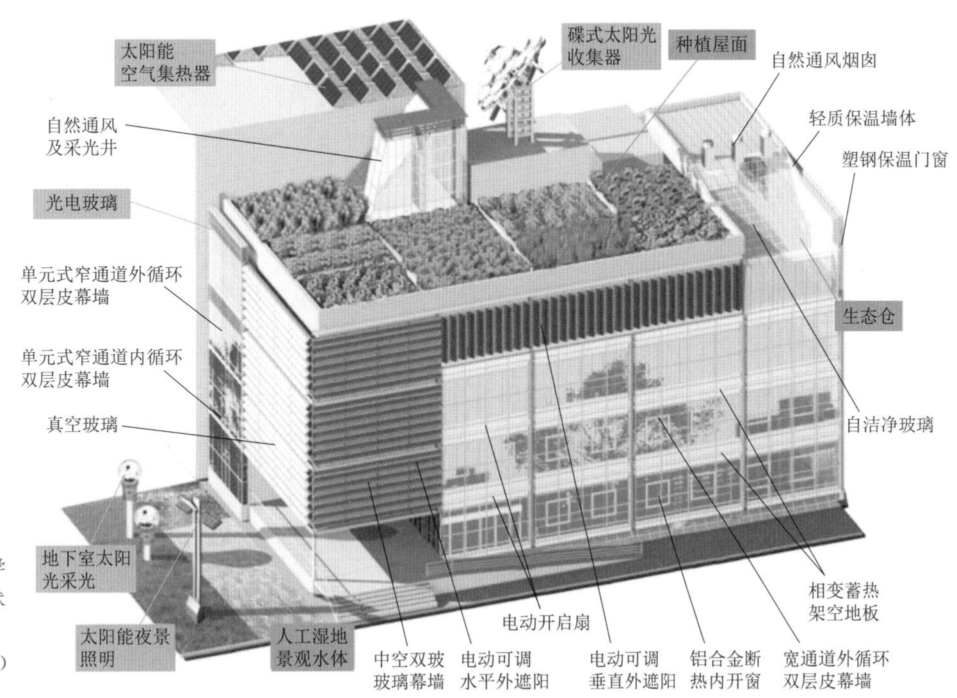

图 5.16　清华大学设计中心楼生态技术示意图
（图片来源：每日建筑）

在进行设计前，从哪几个方面着手以达到设计目标是对整个方案设计提出的巨大挑战，为此设计团队进行了反复的研究、讨论和模拟计算，最后确定了达到绿色生态建筑目标的四个设计策略：热缓冲层策略；利用自然能源策略；无害化、健康化策略；整体化策略。在设计中针对这四个方面的策略采取了一系列具体的设计措施和细节设计。

1. 策略一：热缓冲层的传导效应

要使建筑内部空间达到健康舒适的效果，最主要的就是确保建筑的外围护结构（外墙、玻璃窗等）能有效抵御或缓解外部气候的不利影响。众所周知，具有空气层（缓冲层）的外围护结构，其隔热保温性能优于实体外墙。因此，在设计中，把“热缓冲层”的概念加以延伸，采用“热缓冲空间”的手段，可以取得调节气温的功效。

在建筑南侧设计了一个面积较大的绿化中庭，其物理功能与内涵较之于传统的位于建筑中心的中庭要丰富，其基本概念为：在冬季，中庭是一个封闭的大暖房，在“温室作用”下，成为办公建筑环境的热缓冲空间，起到保温节能的作用。在春秋过渡季节，中庭是一个开敞空间，能促使室内良好的自然通风，在夏季，中庭南向百叶遮阳板能有效地遮蔽直射阳光，使中庭成为一个巨大的凉棚，对办公空间起到热缓冲的作用。中庭顶部还设有天窗，有利于自然通风。

该楼建成之后，这个绿化中庭热缓冲作用明显，中庭绿化空间已成为本楼最舒适宜人的地方。

本建筑的主入口为西向，因此如何有效地防止西晒成为热缓冲策略的重要组成部分。在反复研究后，确定采用实体防晒墙的做法，改防晒墙为钢筋混凝土框架填充墙，石材贴面，它和建筑主体脱开，留有4.5m宽的空隙，以利于室内外空气流通。防晒墙在夏季能有效阻挡强烈的暴晒，在冬季能阻拦凛冽的西北风，对建筑西墙形成热保温层，以调节外部气温对室内的影响。本楼建成以后经仪器实测（2002年6月7日）室外温度33.7℃，楼内未开空调的情况下，防晒墙内侧办公室室内温度维持在26℃，证明了防晒墙的热缓冲和节能效果显著。

夏季通过玻璃的阳光辐射是对室内热物理环境最不利的因素，但如加上窗外遮阳措施，则能明显减少1/3以上的热辐射量。在设计中，根据北京各季节不同的照射角，计算出各层遮阳板的间距以及竖向百叶间距，以此在建筑外加上大面积铝合金遮阳板体系，遮阳效果良好，根据实测情况表明，夏天阳光只能照进窗内1m多范围内，而冬季阳光能照进室内6m左右进深处。

2. 策略二：利用自然能源

太阳能作为一种可再生能源和最清洁的能源，其应用具有非常广阔的前景。但在办公建筑中，主要不在于热能（太阳能热水系统）的利用，而应考虑用太阳能发电的问题。设计团队对本楼顶架架设太阳能光电板发电系统进行了设计，在多方面比较分析之后，最后选择了日本京瓷公司（KYOCERA）的太阳能发电装置，并于2004年4月底全部安装完毕，5月中旬开始正常运行发电。到9月底系统运行良好，发电效果显著。

3. 策略三：健康化的环境设计

一是自然通风，在一般的写字楼中，往往采用全封闭的外围护体系，室内温度调节和送风回风完全依赖于空调系统和机械管道系统，其耗能在整个办公建筑中占了重要的比重。而且全封闭空调系统对人体健康有害，会导致病态建筑综合症的产生。但是如果建筑师充分利用自然通风来进行环境设计，不但可以节省大量的空调耗能，还能造就一种更健康的工作环境。本建筑主要工作大空间——设计室，南北两侧均为推拉式落地窗，过渡季节和夏季自然气流可以顺畅通过设计室，带走室内的热空气，污浊空气则从南北廊顶部天窗排出，自然通风对调节和稳定室内温湿度以及增加人体舒适度均具有重要作用。

二是绿化引入室内。绿色办公建筑顾名思义不能缺少现实中的“绿色”，在设计中对二层南向中庭进行大面积的绿化，楼板上覆土层平均厚度为60cm，种以天然植物，事实证明，室内绿化起到了降低室温、改善小气候、美化室内环境的效果，使办公楼内充满生气，使人们更贴近自然的感受。

三是材料的无害化，绿色建筑意味着健康、无害。而目前我国最普遍和较严重的问题是，绝大多数办公建筑室内装修材料带有污染性，许多号称“绿色建材”的装修材料其实都不具备环保性能，它们长期散发有害气体（如甲醛、二氧化碳、氡、氨等），对人体健康的危害程度十分严重。在可能的经济条件下尽量采用具有环保功能的装修材料。经目前室内空气品质实际检测证明，本楼主要室内工作场所的有害气体含量指数均低于国家规定标准。

4. 策略四：整体绿色化

对于办公建筑的绿色化问题，整体讨论和整体设计原则的重要性不言而喻。因此绿色目标的达成，应该是各专业、各种措施综合实施的结果。在设计中，除了以上各种绿色化策略外，还采取了下列节能措施。

（1）绿色照明系统。节能灯具，分级设计，分区控制，场景设置等，以达到节电效果，同时也满足不同场景，不同工作位置的需要。

(2) 暖通方案的绿色化探索。主要采用水-水热泵机组，可以回收室内人体及设备产生的热量供外区房间使用。另外在新风系统中设置了转轮除湿机，防止室内空气中的细菌污染。

(3) 楼宇自动控制系统。包括楼宇自动管理系统、节水节电自控系统、消防自控系统。本楼设计是一次运用常规建造技术建造绿色生态办公建筑的尝试，除了得到一部分的捐赠进行“太阳能发电技术”的试验之外，全部采用常规的建筑材料和建造技术，因此，整体造价较低廉。

当然，这个空间在绿色和生态技术实践方面仍然是比较初级的，但是绿色设计理念却是先进的，在充分考虑了我国国情，结合实际的情况下，在建筑设计理念和设计策略上想尽办法给使用者创造一个健康、舒适、温馨而又节能的工作环境，这应当是我国当前发展绿色生态建筑的方向。

案例 2　美国 Audubon 国家机构总部

美国 Audubon 国家机构总部在生态设计方面的探索实践也许对未来的建筑和室内设计有很大启示。该设计由 Croxton Aollaborative 建筑师事务所承担。该设计利用旧房改造，应用高效节能环保设备、材料，不但提供了良好的室内环境，而且依靠一个废物循环处理系统，获得了较高的社会效益和经济效益。利用旧建筑进行合理改造使其能重新适应现代使用要求，比建造一幢新的大厦要节约资源和成本，同时，可以避免拆除旧建筑带来的废物处理问题。在资源保护方面主要采用以下几点措施：首先，建立高效的隔热系统，把绝热矿棉衬在外部石墙中；在双层玻璃中覆有一层新型的薄膜，起波长过滤器的作用，这就使夏天紫外线和红外线的热辐射降到最小，而在冬天又能保持热量，减少热损失。其次，在满足功能的前提下，尽量减少人工照明。这不仅节约了照明本身所需的能耗，夏季也降低了制冷的能耗。环境照明被提供在较低的水平，但不论何时，在任何一个工作点，都提供充足的工作照明。大玻璃窗和天窗的使用降低了白天人工照明的需要。沿窗周边布置低矮的隔断，使自然光充分进入室内。室内选用高反射系数的色彩，以使照明的效率更高。在某些室内空间中使用光控开关，当该空间没有人时，能自动关灯。最后，采用新型的 HIVAC（供热、通风、空调）设备，它不仅安装面积小，节约楼面空间，而且其燃气冷却加热器提供的制热、制冷效率也更高，在系统运行时散发的对环境有害物质却特别低。

本建筑要求楼面范围内最大的设计用电量远远低于同类型建筑的能耗标准。在挑选室内材料上着重注意了两点：①避免资源浪费；②最大化降低材料挥发物对空气的污染。避免或最小化使用散发甲醛、汽油和甲苯的涂料、墙板、家具油漆和地毯黏合剂。墙壁表面的材料由回收再利用的报纸制成，柜台顶面材料则利用以塑料包装袋为成分的再生材制成，瓷砖的陶土原料混合了再生的工业废玻璃。在现代建筑中，室内空气质量较差是一个显著问题。循环的空气逐渐污浊，累积着细菌和别的污染物质，在该设计方案中就力求解决这一类弊端。用罕见的高比率空调系统将室外新鲜空气以每小时 6 次的频率与室内空气进行交换，这比目前推荐的最高标准高出 30%，新鲜空气从建筑物的顶部吸入，这确保了它更少地被污染。另外，只要有需要，办公室外的窗户随时都能打开。一个特别的装置是建筑物的废物处理系统，在此运用了四个从顶到底的管状坡道，每一坡道都被指定装入预定分类的废物：白纸、混合纸、铝制品和塑料、有机废料。这些废物在地下二层被送入分离箱中，其中有机废物将被转化成肥料，用来给屋顶温室中的植物施肥。

设计师除了关注这些环境问题外，还设计了成套无障碍设施，使残疾人能方便到达整个机构。值得注意的是，该设计的运行费用（能源消耗等）降低了60%之多。另外，通过减少因疾病引起的工时损失，也节省了人力成本。同时，由于有了健康愉快的工作环境，职工的跳槽现象也必定会降低（图5.17、图5.18）。

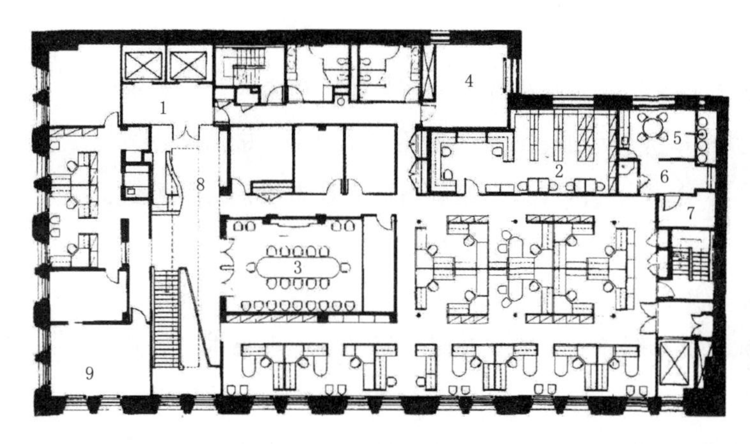

图5.17　利用半开敞空间采光——建筑第八层平面图
（图片来源：陈军，《绿色设计可操作性研究——美国Audubon国家机构总部相关问题处理方式简介》）

图5.18　利用自然光线的走廊空间
（图片来源：陈军，《绿色设计可操作性研究——美国Audubon国家机构总部相关问题处理方式简介》）

5.2　室内公共空间智能设计

“智能设计”概念是指由计算机网络技术、行业技术、现代通讯技术、信息技术、智能控制技术汇集而成的针对某一方向的高科技设计产品或设计方案。从感觉到思维这一过程称为“智慧”，智慧的结果产生了语言与行为，将语言与行为的表达过程解释为“能力”，“智慧”与“能力”二者相互结合，称之为“智能”。智能一词通常具有以下几个特点：第一，具有形象思维与计算、记忆功能，也就是能够存储感知到的外部信息及由思维产生的知识，同时能够利用目前已掌握的知识结构对信息进行比较、判断、决策、计算、分析。第二，具有感知能力，也就是具有感知外部世界、获取外部信息的能力，这也就是产生智能的重要条件。第三，具有相应行为决策能力，即对外部世界的刺激作出反应与回馈，形成决策和方案并传达与其相应的信息。具有以上所述特点的行为则称为智能或智能化。第四，具有相应学习能力与自我适应的能力，也就是通过与周围环境的相互结合作用，不断的学习与积累经验和知识，从而使自身能够更好地适应周围环境的变化；目前所使用的一些智能化方式，将随着信息科学技术的不断发展，使其科技含量与技术含量及相应的复杂程度也越来越高，智能化的概念已经开始慢慢渗透到各行各业以及我们工作生活中，也就相继产生了智能化楼宇、智能化住宅、智能化医院、智能化教学环境等，它们都是以智能化建筑为开端发展而来的，所以人们经常提起的智能化系统，也就是智能化建筑。

目前随着计算机技术、网络技术、通信技术以及所有总线控制技术的迅猛发展，网络化、数字化和信息化已经渐渐融入我们的日常生活之中。人们的生活水平、居住环境条件在不断提高与改善的现状下，人们对生活环境的质量提出了更高的精神需求，智能设计就是在这一历史背景下应运而生的，人们对它的需求也日益增加，智能化、人性化的公共空间设计也不断有了新概念的融入（图5.19～图5.21)。

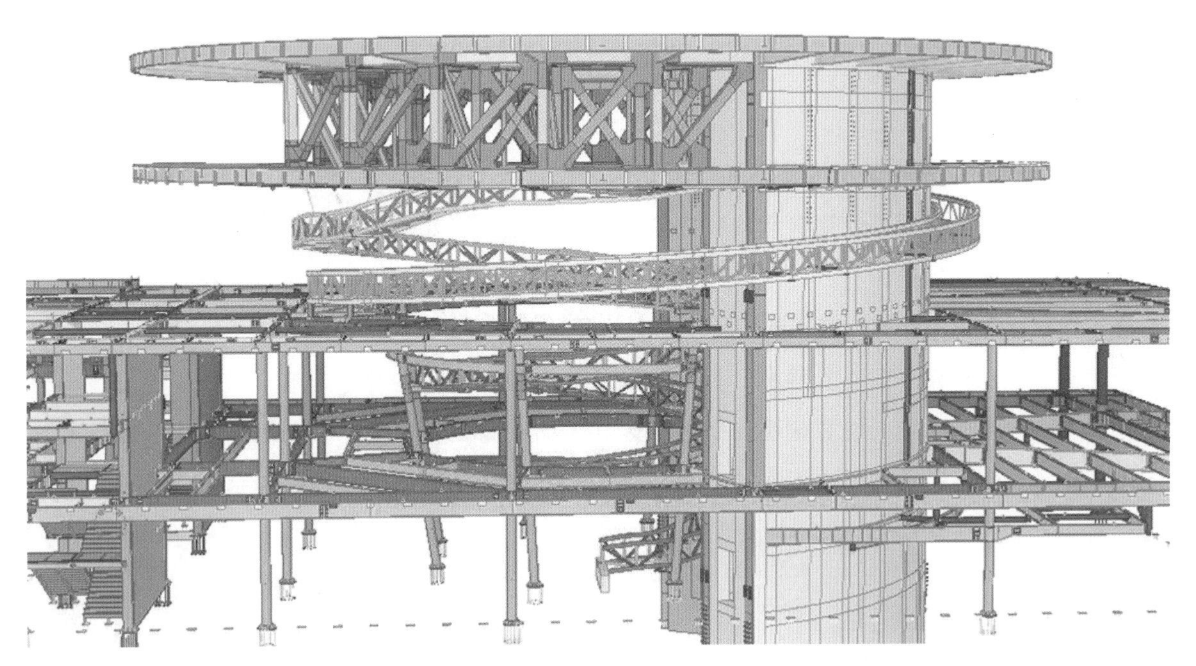

图5.19 杭州拱墅区智慧网谷小镇展示中心BIM建筑结构模型

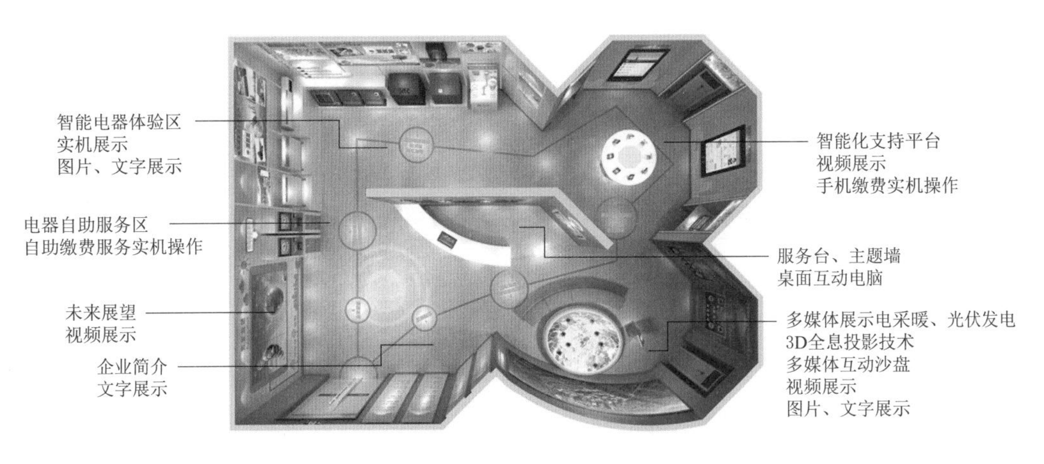

图5.20 国家电网智能展厅布局

5.2.1 智能设计的特点

图 5.21 国家电网智能展厅

(1) 交互性特点。智能化空间的交互性特征主要包括空间与人的互动、空间与外部环境的互动。首先，智能化空间主要通过知觉系统和虚拟手段与消费者进行心理和身体的互动，突破空间局限性，增强空间体验感。智能化空间通过各种设备的结合及传感器的使用，在空间与人之间进行信息互动，赋予空间“大脑”，根据识别空间中人的微表情、体温、动作、心跳等生理信号与智能空间进行交互改变，建立使用者与空间的互动关系，使空间保持科学、舒适的状态。其次，智能化空间与外部环境的互动（如空气、光源的交互以及水资源的循环利用等）科学改善了室内环境。

(2) 直观性特点。利用智能化技术将空间场景直观地传递给使用者，并使其产生身临其境的感受。如医学环境中为加速患者恢复周期使用自然景观疗愈法，但以图片和视频形式展示的自然场景沉浸感较低，无法让人直观地感受到场景的存在，故采用智能化虚拟现实技术结合感知系统的模拟体验，能够让患者直接感受到自然场景的真实感，最终达到提高患者恢复周期的目的。

(3) 设计需求弹性化特点。人们生活水平及消费水平的提高使消费者越来越追求高质量、高效率的社会生活环境，在室内空间中加入智能化设计是为了达到人们更高的精神需求，从而带动了智能化相关市场的崛起。但在经济状况、精神需求不高的情况下，智能化设计并不是大多数人生活的必需品，故智能化空间设计具有需求弹性化的特点。

5.2.2 办公空间智能设计

随着现代科学技术水平的提升，办公场所越来越人智能化、人性化。相对于传统的办公空间而言，通过现代高科技的引进和智能化的设计方案，可以为人们创造更加安全、舒适、人性化的办公空间。在这个基础上，利用智能化技术的先进性，还可将办公空间建设成一个实用、经济、高效、安全、统一、集成化并可持续发展的空间。同时在配合使用智能化技术、新型智能化设备的基础上，可使整个智能化办公空间达到可以更高效的获取、传递、处理、利用和再生信息的目的，营造和设计出具有高度智能化的办公空间，甚至在某些场合可以利用智能化技术代替人去完成各种任务和解决各种问题（图 5.22、图 5.23)。

办公空间设计的最基本目标是给使用者提供一个高效、舒适、便捷、健康、安全、人性化的室内工作环境，最大程度提高工作人员的办公效率。办公空间的“便捷”主要是指室内办公区内设计是否符合人体工程学等内容。“安全”问题主要是指建筑空间内的灾害防护、人体心理和生理安全、空间布局的安全等内容。“健康”则是指建筑空间内部的排水工程、卫生状况、建筑材料使用的安全状况等内容。

图 5.22　智慧办公空间的生态结构

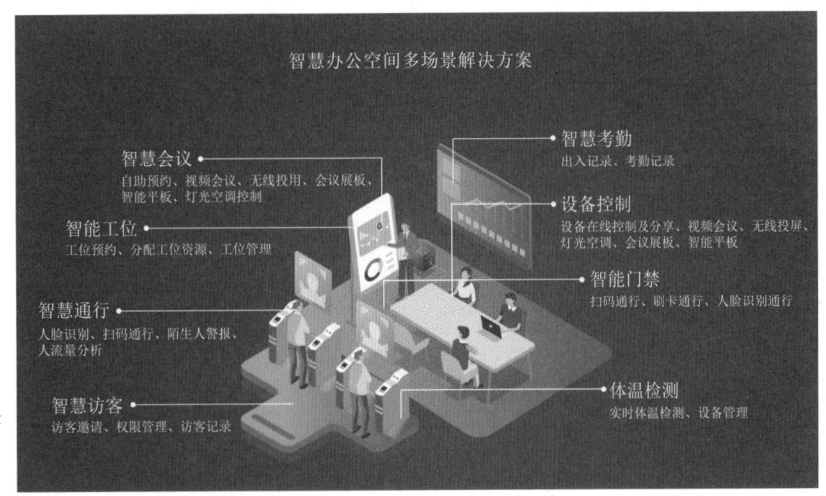

图 5.23　智慧办公空间多场景解决方案
（图片来源：wookitech）

办公空间的设计也要体现秩序感、明快感和现代感。秩序感主要指的是办公室的完整和简洁，体现在办公空间平面设计的规整性，设备的摆放、天花的选择、墙面的装饰等。明快感主要体现在办公空间室内的光线，如充足的自然光、室内灯光、干净的色调（白墙）等，现在很多建筑师用颜色来调整室内的光调和明快感，这也是在室内空间设计上的一种手段。现代感指的是建筑空间要结合智能化技术，运用先进的办公设备，增加办公空间的自动化、科学化。为使办公空间更具现代感，要充分利用先进的科学技术和人体工程学的最新知识来设计此类空间。现如今科学技术得到迅速发展，智能化办公空间成为大部分企业的主要办公空间，受到了多数人的认可，已成为一种有自己的独特设计理念、人性化、高效化的空间设计形式。如今的智能化办公空间设计应更加体现空间设计的智能化、多元素化和理性化。我们要在固定的空间中设计出更贴合人们工作需求，更灵活、更多元的工作环境。新型的办公空间设计，应该是将工作空间和娱乐空间相结合，让使用者在空间内部既保持个体性，拥有私密性的同时，也具备开放性。随着人们生活水平的不断提高，如今的办公空间应该更加合理、高效、健康，而不应显得单一、死板、严肃、沉闷、简单且冷漠。

人们已经不再被传统办公空间所束缚，现代智能化办公空间应更加注重于使用者的身心健康。在创造更好的智化办公空间的同时，也要迎来更大的经济效益。因此在提高工作人员工作效率的同时，也要在一定程度上减少投入成本。智能化办公空间与以往的传统办公空间不同的就是灵活、不隔断、健康、人性化，打破传统办公空间各个部门之间的“壁垒”，同事们之间交流更加方便，空间也不再那么拥挤，总体上给人以舒适、愉悦之感。

智能化办公空间不是一个固定的、死板的空间，它是智能化技术和传统办公空间相融合的产物。智能化技术只有在新的设计观念、适宜的空间下才能产生最大的效益。智能化办公空间中“软件”的大脑管理作用是提升它工作效率的根本所在，由“软件”来对整个工作区域进行操控，达到从整体上提高员工工作效率的目的。智能化技术并不是一个硬件设施堆砌的过程，而是一个不断更新的过程，对于智能化办公空间而言，它更多的是作为一个“生长”的空间，而不是像传统办公空间一样单纯发挥着“容纳”的作用（图 5.24）。

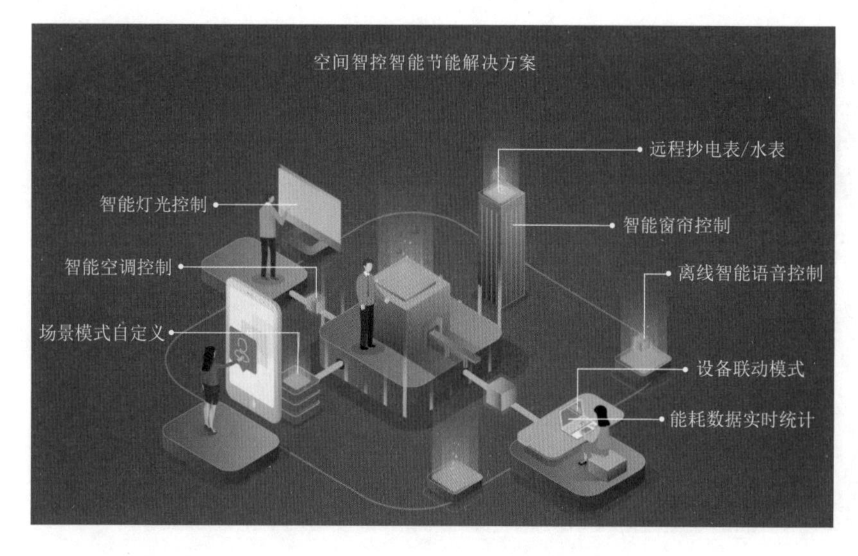

图 5.24 空间智控智能节能解决方案
（图片来源：wookitech）

智能化办公建筑空间较以往的办公空间是有其独特之处的，智能化办公空间以更有深度、更加广泛、更加直观和更加综合的手法来营造办公空间的效能和魅力。智能化设备的融入、信息化技术的结合都给现代办公空间带来了彻头彻尾的革新，它正在使以往的传统办公空间发生着本质上的变化。为了实现空间的流动，智能化办公空间中的智能化设备也日益增多，对于空间的需求也不同于传统空间。

办公空间智能设计的影响因素有以下四个方面。

（1）层高。目前智能化空间值得我们去考虑的一个问题就是层高，因为在建筑中过低的层高会使得人们在室内有很大的压迫感，但是过高的层高则有可能造成经济上的浪费，所以在满足建筑层高的基本要求时，应尽量降低层高。在我们国家的建筑中，建筑物净层高的下限是 2.6m。另外在室内是有很多管线系统的，如排水管道、排风系统管道、监控系统电线、消防喷淋系统管线、强弱电系统管线、电视天线、网线等，大量的线走桥架都会影响到建筑物的层高，所以智能化空间的层高肯定会比一般建筑物的层高要高的。从工程实际案例来看，现代智能化办公空间层高一般为 3.6～4m，这样才能保证建筑室内的净高是大于 2.6m 的标准的。智能化空间的层高是不能随意确定的，它应根据空调暖通、新风系统、给排水系统等各类设备的布置情况以及各种管线的走向情况来确定。在一些传统建筑中，层高是一个固定的数值，我们不能对它进行扩增，但可以在此基础上，将喷淋点位、强弱电系统、安保系统等进行整体抬高，在一定程度上满足智能化基础设施的融入。

(2) 采光。在空间中，采光的好坏直接影响人的居住质量。在传统建筑物中，建筑内部能采集到自然光的面积很小，即使采集到了光线，如果不对光线进行控制，光线的强弱也可能会给人不舒适的感觉。随着现代科学技术的不断发展，人们对光线的运用和控制也越来越成熟。各种新型玻璃、遮阳设备、中庭、庭院等都是人们采光的方式。譬如在松下公司总部办公楼中，就设计了一个很大的中庭来采光，同时将自动化的百叶窗安装在了办公室。在窗户的朝向已经确定的情况下，建筑内部采用自然光和适宜的人工补充光线结合的方式来对室内光线强度进行合理调整。白天时，智能化设备会根据当时光源的强弱来对光线进行相应的调整，当户外光线过强时，智能化设备会自动调整室外的窗户开关幅度大小，通过调整室内百叶窗以及配合室内人工光源来达到当时人体最舒适的状况，沐浴适度的阳光能使工作人员的心情得到改善，工作效率也得到相应的提高。在夜晚或者天气不佳时，则利用人工光源来调节室内光线情况，室内光线处理从人性化的角度出发，设计采用更加合理和智能化的方式来进行采光，使其适合工作人员生活和学习的环境需求，也是今后智能办公室空间发展的趋势所在。

(3) 热舒适系统和 AAS 系统。智能空间中的电子设备是很多的，它增加了整个空间的耗电量，也增加了整个空间的冷负荷，影响空间给人的舒适性，所以要通过一些设备来调节室内的舒适度，如暖通空调设备系统、自动化智能控制系统和建筑的基本结构组合来改善居住环境。通过改善空气和温度的同时，室内的热舒适度也会得到相应的改善。

AAS 系统（air automation system）是智能化空间中用来全面和系统化监控、治理室内空气环境的系统，它主要由监控、治理和控制这三大部分组成。它的工作流程是利用空气传感器来进行检测，将空气质量问题以数据形式传输到计算机内，真实反应室内空气状况，然后根据实际情况来进行治理。

智能化办公空间对空气的要求是比较严格的，如果不加以改善，可能会导致在其中工作的人员患上呼吸道疾病。因此在运用智能化设备监控室内空气质量的同时，也需利用新风等智能化设备将从室外进入室内的气体进行过滤，再将室内产生的废气通过管道排放到室外，通过这种空气循环模式来良好的调节室内空间质量，达到室内空气新鲜且健康的要求。

(4) 安防监控系统。空间的本身就是服务于人，因此智能化空间应将人们的生命财产安全放在重要地位。在智能化办公系统中，各个区域都应配有监控设备，且与报警系统连接。当工作区域有不明人士进入时，监控设备可以通过人脸识别系统快速辨别其是否为内部工作人员。若不是，则立刻通过局域网传输到安防系统中，将情况反映给相关工作人员或者直接进行报警处理。

5.2.3 商业空间智能设计

2016年12月5日，亚马逊推出了第一家无人超市，从此开启了智能化商业空间的探索阶段。2017年6月上海的“缤果盒子”开业（图5.25），同年7月阿里推出了“淘咖啡”，2018年11月“阿里未来酒店”开业，它们均以无人服务的方式尝试智能化商业空间的市场探索。随之而来的是业态多样化的发展，如无人餐饮店、KTV、书店、咖啡店等。从智能化、无人化概念的提出到真正运用到市场，这不仅是一种理念创新，更多的是技术、互联网信息化在商业空间未来模式的尝试。自助式服务是智能化商业模式的前期探索，以自动售货机为例，其营销模式从早期投币式发展到微信、支付宝无现金支付方式，在市场推广和发展的过程中，由观望到以不受时间、地点限制，节省人力、物力的同时提供便捷的服务，满足消费者即时性需求，拓展普通商业模式无法触及的小微空间。自动售货模式逐渐成为智能化、无人化空间销售进行市场深入发展的有利参考。无人超市从空间面积、服务类型、商品种类的丰富性、空间设计视觉效果、支付方式等方面都进行了更加人性化的考虑。在无人售货服务方式及空间的拓展和实施中，支付方式多样化给予了技术支持，消费人群自助式购物的习惯逐渐养成。“互联网＋”成为大众创业、万众创新的新工具后，电商迅速发展，使得支付和购买方式的无人化服务被消费者接受，成为普遍的消费习惯。智能化商业空间的发展，在未来是否是自助售货和服务方式的延伸，新事物的发展优势伴随问题，在一片期待声中，也存在很多失败的案例，但是，对于传统商业模式来说，智能化、无人化的最大作用是唤醒意识，重新梳理商业运营中人、产品、空间的关系，促进商业模式的发展与更新。

图5.25 缤果盒子无人便利店

从商业发展历程可以看出，从传统门店到大型购物中心，历经了多次变革。以电商为代表的新的商业形式始于1999年，当下的商业空间类型经历了从传统到现代，经过互联网时代，再到未来智能化商业时代的发展历程。智能化商业空间是指在高科技和安全无现金的支付平台上，以没有服务人员和工作人员的情况下，由消费者自助进行进店、挑选、购买、支付等全部购物活动的零售形态。智能化商业空间的发展既有政策上的支持，同时也是移动型、无现金支付方式推动下全新零售方式的探索。1999年从电商概念的提出到之后的淘宝、天猫、京东、苏宁易购、国美易购等众多网络平台，改变了一代人的消费思维和消费习惯，商业模式和消费方式从传统走向人性化、科技化、智能化。科学技术的发展，促使市场尝试新的消费模式，未来智能化商业空间作为新零售的创新模式发展，成为当下实体商业空间积极探索和努力实现的方向。

传统商业模式与以无人化服务为代表的智能化商业空间，两者本质上都注重空间经济效益。电商多年的发展，虽对实体商业产生了较大的冲击，但实体商业空间并未一直固守。实体商业空间在空间设计和经营方式上不断变革、推陈出新，一直在努力适应市场的发展。线上销售在消费升级的过程中，体验感、服务性、场景营造等方面的不足痛点逐渐暴露，给实体商业空间找到了继续赶超的切入点，结合线上线下的两种优势，注重消费者体验空间的营造，关注人的一切感受成为实体商业空间设计者和经营者共同研究的重点。

实体商业空间中特别注重对人的经营，而以提供无人服务的智能化商业空间，以强大的技术、互联网数据、安全支付方式为支撑，虽然提供的服务没有人的参与，但是更加注重消费者体验的营造，通过时尚、便捷、自由、个性化定制的购物体验打造，凸显出无人服务的智能化商业空间的差异性。从前期的调研和人群分析可以看出，空间自主服务成为一种时尚的消费体验，在无人服务的空间设计中，通过风格、色彩的搭配营造出更加时尚、个性的空间感，能更好地满足消费者尝鲜的体验；产品陈列上，利用设计营造视觉、触觉等多维度的陈列效果，始终围绕着年轻消费者的审美要求，对于培养黏性消费者具有重要作用。

智能化商业空间在未来是一种趋势，通过对目前市场上已有的无人智能商业空间的调查来看，从自主式售卖机到智能化商业空间，在实际使用中都在通过功能和设计的改善来完成整体商业空间的品质提升。空间注重商品本身品质的核心从未改变，在商品交易的过程中，品牌和空间的有效设计，利于提升交易。2017 年在广州落地营业的比家超便利店，整体店面为长方形，为了清晰地向路人传递空间信息，外观设计成全玻璃，店内布局较为实用，从店外即可看全货架上的物品，玻璃的通透传递着欢迎体验的理念。比家超便利店为了让消费者在无人服务的空间里感受到空间的魅力，对消费者在无人空间购物的行为和心理进行研究，分析出消费者的行为需求和心理期望，并运用到空间设计当中。阿里的无人餐饮空间作为智能化无人空间探索的另一案例（图 5.26），在空间设计上充满了科技感，将点菜环节的菜单与空间就餐的餐桌相结合，桌面即菜单，既能饮食，又充满娱乐感、游戏感。空间服务以机器为主，机器服务的路线设计流线感强，围绕流线以地面光带穿插空间，设计形式上、色彩搭配上注重视觉效果，成功打造出智能化商业空间的未来感和时尚感，让购物更顺畅、支付更快捷，从而提升智能化商业空间的购物体验，是探索当下消费者深层次的消费需求，是更加关注消费者的一种表现，关注消费者，提升空间服务品质的商业空间本质在未来将以更多智能化方式继续探索下去。

图 5.26　盒马机器人无人餐厅

总体来说，商业空间智能设计指基于智能化设计理念的商业空间，涵盖了商业模式、空间设计、零售系统、服务流程等宏观和微观的成分。如今，随着经济的繁荣发展及人们价值观的更新换代，商业消费模式也在不断更新升级，新一代的消费体验需求与环境追求对传统商业空间是一大考验。人力成本上升、房租费用增加、顾客投诉风险提升、运营困难和消费者体验需求多变是如今商业空间面临的一大难点。尤其是新冠疫情的冲击，更使得商业空间面临着“倒闭潮”的风险，而存活下来的商业空间更应该思考如何面对接下来的考验。智能化商业空间是传统模式的一个新生转机，智能化将能有效削减成本、提升效率、增加多重体验，为消费者带来新鲜感，有效应对这些新挑战。不同的商业空间对“智能化”的理解与运用也不尽相同，有些是偏向于“智慧管理”，有些是侧重于科技智能改良，但最终目的都是改变传统消费体验，提升效率，缩减开支，并提高业绩。

智能经济大发展是未来经济发展的方向，以无人服务为代表的智能化商业空间是目前可看到的技术运用到生活中的成果，从微观层面上看，无人服务空间有利于减少场地和人员成本；从宏观层面上看，无人的智能空间对技术要求很高，必定促进技术的进步，同时由于空间使用的技术性，对于全民素质及信誉提升也具有促进作用。因此，在当下政策支持、技术辅助、各行业都在竞相运用的大环境下，要运用好智能科技并结合设计，以专业视角将科技更好地利用到商业空间中，打造有品质、有艺术性、有科技性的智能化商业空间（图 5.27）。

图 5.27　沉浸式主题商业空间设计

5.2.4　医疗空间智能设计

营造良好的就医环境、提供优质的医疗服务是当前医院急需解决的问题之一，也是医院日常运营的必要手段。研究发现将医疗空间发展成为智能化空间能够满足上述需求，因此将先进的计算机技术、通信技术、科学技术等高科技手段运用在医疗空间设计中，在提供优质服务的基础上，可降低投入成本、节约能源、减少管理人员规模，实现医院安全可靠运行。

智能医疗空间的价值主要体现在以下几个方面：①使患者就医更加方便；②大大节约患者的治疗时间；③对医疗水平有帮助；④提高工作人员的工作效率；⑤促进医院可持续发展；⑥保证具有优良的就医环境；⑦使患者就医更加满意；⑧有助于我国的全民健康计划。

医疗空间设计实行智能化技术主要体现在智能系统中，在智能化技术的引导下，医疗空间也逐渐走向智能化，并投入使用。医疗空间智能化分为三个系统：①医院智能化管理系统：该系统并不是常见的组织管理系统，而是整个医院的中央集成管理系统。该系统在医院中扮演非常重要的角色，也是医院的核心，更是医院管理系统的中枢，控制着各项分系统，该系统的智能程度影响着医院建筑的智能化水平。该系统智能化管理水平越高，越能有效提升医院的整体管理效率及经济效益，减少管理投资费用，降低核心管理人员的工作难度。②医院智能化信息系统：医疗空间智能化设计是整体智能化设计的核心，智能化信息系统对于医院建筑智能化十分重要。以计算机网络为背景，创建医院信息系统，目的在于创建一个适应新时代的平台，用于传输医院中重要的数据，并为相关工作人员和就医患者提供相应服务，在很大程度上提升工作效率，减少患者等待时间。此外，医院智能化信息系统还包含医院内部与外部的通信系统和医疗管理系统。通信系统又可分为广播、电视、电话及卫星接收系统、病人呼叫系统、信息查询系统等。医疗信息管理系统分为药品、病房、病例、挂号和财务方面的管理系统。③医疗空间自动化系统：医疗空间集高科学、高技术手段和多信息为一体，能够促进人们生活质量、社会及科学技术水平的发展，直接对医院的物流、人流和信息流产生影响。医疗空间自动化系统不仅包含设计规范合理、功能完善的建筑主体，还包含各种相应的配套设施及系统，如中央空调、火灾报警、公共广播、停车及监控视频等相关系统（图 5.28、图 5.29）。

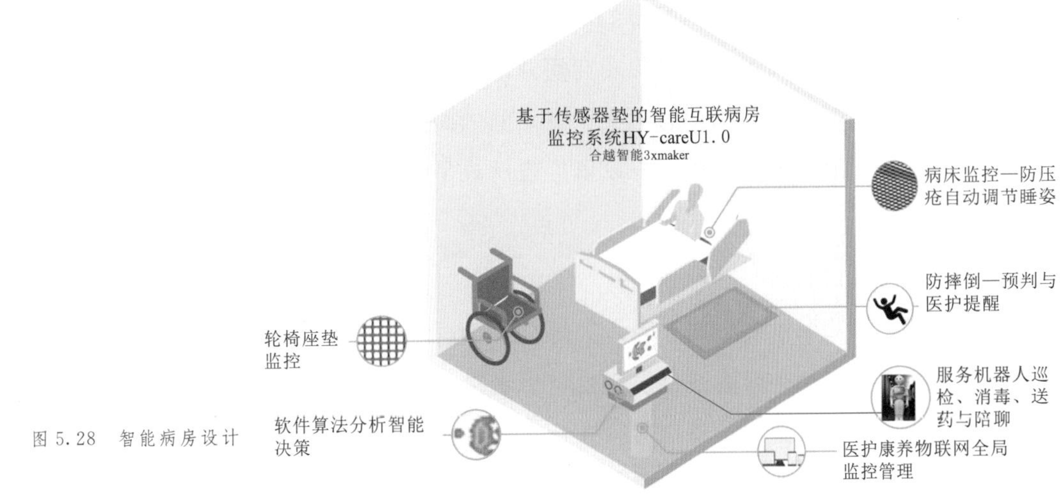

图 5.28　智能病房设计

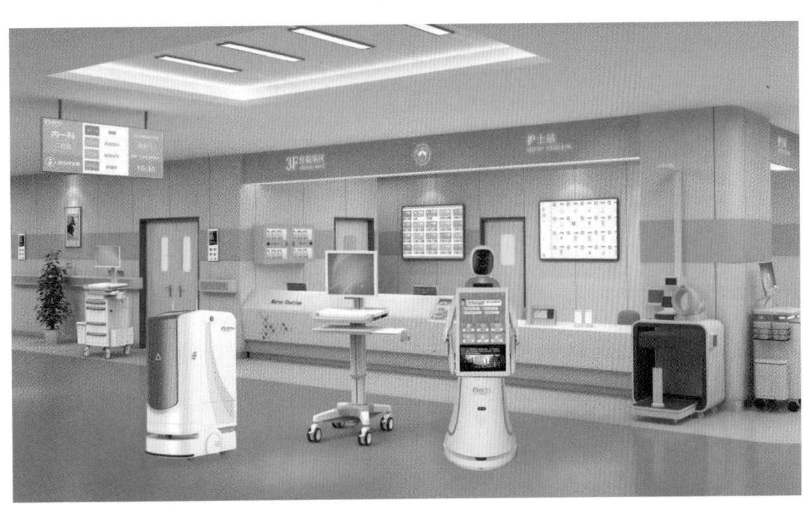

图 5.29　智能医院空间设计

在对医疗空间环境进行智能设计的过程中，其内容主要体现在以下四个方面：

5.2.4.1 通风与采光设计

通常情况下，在设计医院门诊、急诊以及病房等空间时，应充分利用自然采光与通风条件。医疗空间与其他空间相比，最明显的不同是室内存在非常多的病菌，因此在对医疗空间进行规划设计时，要高度重视自然通风效果，有效降低室内病菌浓度以及感染概率。在对门诊大厅进行规划设计时，如果存在遮挡物的情况下，可以采取机械设备进行通风。病房窗户应尽量朝向南面，以保证病房得到充足的光照。同时可以适当增加医院窗地比，这对于患者康复有着非常重要的作用。通过设置低位大窗，可以让患者直接观赏到室外景观，改善患者心情充足的光照还能起到杀菌效果。同时，在医疗空间内还可设计日光室或是日光廊来获取更多光照。

5.2.4.2 声环境

在医疗空间规划设计工作中，通过加强声环境设计，可以有效减少医院中存在的噪声污染，为患者营造出更加安静的治疗环境，避免其情绪受到噪声的影响。基于绿色智能理念下，医院在对声环境进行规划设计时可以实现对新科技以及新材料的合理应用，在此基础上以达到较好的隔声效果。例如，为了避免医院病房的地板发出响声，在前期设计时可选择使用具有一定柔性的地板；在对医院门窗与房间隔墙进行装饰时，可选择使用隔声材料与相应的构造手法来进行设计。

医院声环境也会在一定程度上受到平面布局的影响。在对医院总平面进行规划时需要注意，如果是在单独空间对噪声敏感度不强的情况下，需要在空间外围完成相应的设置工作。医院内部涉及的交通干线不可以出现相互交叉的情况，当医疗空间与主干道之间的距离较近时，就需要提升医院窗户与墙体本身的隔声效果，可在医院交通噪声较大的地方设置广告牌或是遮阳板，它们对交通噪声可起到一定的遮挡作用。

5.2.4.3 节能与能源利用设计

首先，构建再生水之源热泵系统。如中国人民解放军总医院在开展智能医院设计工作时，就充分利用了太阳能构建医院再生水之源热泵系统，向医生与患者提供热水供应服务。同时还可将医院景观与再生水之源热泵系统进行有效连接，通过植物与微生物食物链的形式，对医院日常运营过程中产生的污水进行有效处理。

其次，在空间规划设计阶段，应充分利用减排降耗以及循环自治等设计理念。例如，可以在建筑外部设计出半室外玻璃走廊，从而实现对光能的充分利用。

最后，在智能医疗空间设计过程中，还应该保证具备良好的通风效果，可以在建筑物顶部与外墙安装太阳能电池，从而为医院日常工作提供一定的能源补充，最终满足医院的日常用电需求。

5.2.4.4 其他智能设计

(1) 综合布线。在医疗空间设计中，由于空间之间存在一定的传输网络，因此在进行医疗空间设计时，应充分考虑综合布线对建筑物内部与外部的影响；如交换与储存设备之间的相互连接与融合，同时包括外部网络建设与内部的局部线路连接点之间的信息交换与传输。另外，智能化空间中的综合布线是基础设施，进而对信息的交换与流通都存在较大影响，因此在项目进行规划设计时，应严格按照相应的标准进行。

(2) 辅助设计。在医院临床医疗中，相应的辅助设计对帮助临床救治是极其重要的：首先，这类的空间标识设计能有效地帮助医护人员及患者正确找到相应的就诊单元，让患者尽快就诊；其次，辅助标识设计还能有效提高患者与医护人员之间的交流与沟通，如色带、图表、地贴等，但必须做到简便大方、准确无误（图 5.30、图 5.31）。

图 5.30　医院导视标识系统

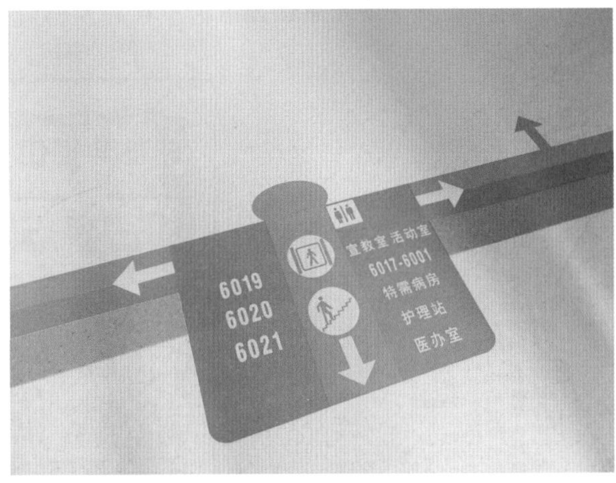

图 5.31　医院地面引导标识

(3) 人性化设计。在医疗空间设计过程中，应积极运用人性化设计理念，简而言之，就是通过对空间的有效塑造、品质再现等不同的内容形式，如植物摆放、物品陈列、色彩与材料的搭配等，对包括住院、急诊、候诊等大厅和场所进行塑造与提升，为病患创造良好的就诊环境。

(4) 建筑文化体现。在现代医疗空间设计中，应将当前社会的经济、文化、政治与医院的发展相结合起来；同时随着社会的不断发展，人们综合素质也在不断提升，因此在进行现代医疗空间设计时，应充分运用空间设计理论中的形、境、意三者的相互融合，进而从不同角度展现当代医院发展的基本情况。“形”包括空间基本构图、造型和空间符号等不同的文化元素；“境”包括传统文化与现代文化之间的形制、融合与独立；“意”包括传统文化理念与建筑之间的碰撞、交流与沟通。

在基于智能理念的医疗空间设计工作中一定要转变传统的思想观念，保证在设计工作中可以体现出节能环保意识。对医疗空间进行合理设计，选择应用一些先进的建筑材料，以减少医院噪声污染，保证病房光照充足，为患者营造出更加安全舒适的居住环境，进而更好地满足未来经济发展的要求。

5.2.5　室内公共空间智能设计实例分析

案例 3：City Place 大厦

位于美国康涅狄格州哈特福德市的 City Place 大厦被公认为是世界上第一栋“智能建筑”，于 1984 年建设完成。其建筑设计由 SOM 设计事务完成，智能系统设计是由美国联合技术公司（UTC，United Technology Corp.）的一家子公司——联合技术建筑公司（United Technology Building System Corp.）承接。该建筑地上 38 层，地下 2 层，总面积 12 万 m^2。City Place 金融大厦的设计结合了通信技术、计算机技术，以及很多高科技设备，如视频监控系统、防范和警报系统、空调和给排水系统、防火和供电系统等。这些智能设计使 City Place 大厦的员工获得了舒适、安全、高效和人性化的工作环境，同时也带来了大厦经济效益的增长。之后在美国建造的大厦，几乎有 80%都是这样的“智能化建筑”，现在美国智能技术的应用十分广泛，这与国家对智能化建筑的重视密不可分。世界上第一个智能化建筑的诞生，实现了建筑业和信息产业的有机融合，给建筑行业带来了新的活力，由此引起了各个发达国家的重视和效仿（图 5.32、图 5.33）。

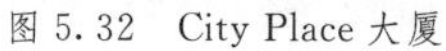

图 5.32 City Place 大厦

图 5.33 City Place 大厦平面图

案例 4：默特尔智能公寓

1997 年 10 月建在英国巴恩斯利市的默特尔智能公寓，是在建于 20 世纪初的一栋旧房子的基础上改造而成的，改造的目的是为展示现代技术如何帮助行动不便的残障人员自行处理日常生活。它既是一个适用于残障人员活动的试验性场所，也是残障人士一个临时的家。它从外观看来就是一座普通的、并排的乡村别墅。默特尔残障人士智能公寓的神经中枢是基于 Lusta 总线的控制系统——由 Siemens 和 Possum 公司联合设计和生产的红外线控制器，它使得各种设备的运行简单易行，一条双芯电缆就把各种家电和电器设备都集中连接到这个系统上。默特尔残障人士智能公寓使用一条双芯电缆，通过红外线和无线电控制器，连接着公寓内部的智能化总线系统，为残疾人创建了一个方便的生活环境。残障人士使用被称之为“伙伴”的专用红外线或无线电控制器，通过手脚等各种肢体活动或者语言、眨眼、呼气、吸气等非接触类活动就可以控制和使用房间中的各种设备。“伙伴”系统中编入了 232 项可控制的功能和储存 100 个电话号码的程序。它可以通过遥控控制开关和暖气系统，也可以通过远程操作控制电视机、收音机、微波炉等屋内任何电器设备的开关。在屋内用滚梯和垂直升降的电梯来搭载轮椅上下楼，这种梯子连接在总线上面，可以通过控制器和开关来控制，在两间卧室之间也有可控制的升降机。

默特尔残障人士智能公寓运用了当时各种智能化和高科技产品，其中值得一提的是它的浴室设备，这个设备的目的是为了让那些无法使用浴巾的残疾人也能自主洗浴，洗浴设备是一个可以通过旋转来进行移动的地板式淋浴器，卫生间配有臂触式控制干体机和嵌入式浴盆，它通过两个臂触式开关进行控制，一个负责冲水系统，一个负责“总线控制器”，这样一来即使是行动最不便利的残疾人，也可以控制住宅中的各种设备。

公寓当中的智能化技术和设计使残疾人获得更大的自由度，降低了他们对护理人员的依赖程度，在使用期间，只需要有一个护理人员或一个随叫随到的机械师在场，预防出现紧急情况即可。此项技术的应用，显示了使用总线技术可以轻松改造或更新残疾人的住宿环境。改建和重新安装电缆只需一次，这个系统就会实实在在的一劳永逸，无论将来会进行何种必要的改变或更新。这一技术的采用使得残障人员可自行支配生活，冲破过度依赖护理人员的束缚，可以给他们提供足够的生活自理能力。智能公寓的出现对于残疾人员和护理人员都是有极大帮助的，它从根本上“解放”了残疾人和护理人员。

案例 5：北京发展大厦

北京发展大厦是中国第一座公认的智能建筑，自 1989 年建成以来便成了中国智能化建筑领域的先驱。在当时，虽然智能化办公建筑在国内外都属于比较新的技术及理念，北京发展大厦的设计团队积极学习参观国外先进实例，成功地解决了智能型大楼的办公自动化、通信自动化、楼宇管理自动化、防火自动化、安全保卫自动化、停车管理自动化等问题，还积极探索解决了建筑空间的灵活性与宜人性。

思考题

1. 简述生态设计的原则。
2. 简述智能设计的未来发展趋势。
3. 简述智能设计的特点。

第 6 章 设计案例分析

第 6 章课件

【本章导读】 本章主要介绍了公共空间设计新业态、新模式，主题化空间、场景化空间定制，城市文创公共空间、文化综合体设计，可持续性理念下旧建筑向艺术馆等空间功能转化，工业遗存公共空间改造更新设计，品牌效益、国潮复兴思维引领的公共空间设计，线上线下、AI 赋能和深度体验等公共空间场景构建，衣、食、住、学、娱等公共空间集成场景体验和增值服务等设计新概念、新潮流，并对优秀案例进行分析。希望读者能够关注公共空间的新发展趋势，创造具有吸引力与竞争力的公共空间，提升区域价值与影响力，实现经济效益与社会效益的有机统一，推动公共空间的高质量发展。

6.1 公共空间设计新业态、新模式

近年来，城市更新已蔚然成风，公共空间设计也涌现出更多的新业态和新模式。历史建筑的重生不仅具备故事性的时代特点，也促使文化和产业得到双重增值，同时为公共空间可持续发展提供了新的机遇。

历史建筑、城市场景的更新设计与新建建筑的最大不同，在于其所处的空间场景已然形成，并在其建成至今的历程中一直与周边人、事、物发生密切关系，既有的记忆和情感作为场所空间的有机组成部分被留存。因而历史建筑的更新设计不仅要对建筑本体加以保护，更重要的是对其所在的公共空间场景进行再生设计。

案例 1：思南书局诗歌店

项目地址：上海

建筑面积：388m^2

建成时间：2019 年 12 月

设计特色关键词：优秀历史保护建筑改建更新设计、室内保护更新设计、魔幻现实主义风格、戏剧性的诗意

在上海历史建筑圣尼古拉斯教堂旧址里，设计师用45吨钢铁打造了旧教堂里的新书店——思南书局诗歌店，它是上海最大最全面的专业诗歌书店，店内收藏了1000册不同语言的诗集。诗歌店设计延续了设计师俞挺一贯的魔幻现实主义风格：穿孔钢板、半透明、不确定的光线以及戏剧性的诗意。

整个项目要在上海市历史建筑保护事务中心出具要求告知单后才可以实施。告知单中要求不得改变建筑现有的立面、结构体系、基本平面布局和有特色的内部装饰。立面和空间格局包括墙体以及内穹顶包括新的壁画和特色装饰作为重点保护部分都不可以触及。要求拆除干净不必要的墙体和楼板如建于20世纪90年代的钢结构夹层，要把建筑空间剥离干净而将其原始形态显现出来，恢复主殿的高大空间。还要把东侧搭建建筑截短，在立面上和教堂旧址齐平。再次尽量追溯教堂空间最初的材料，如柱子、花饰、墙面以及地坪。教堂地面经历破损修补，主殿地坪只剩下水泥垫层，而侧殿地坪一小部分是最初的金山石地面，大部分是20世纪70年代改建后遗留的水磨石地砖，所以必须保留。地砖在经过几次打磨清洗后，仍依稀有着当年的油污，算是作为工厂的记忆而顽强保留了下来。

本设计的特色之处在于用书架在旧建筑中创造一个独立结构体系的新建筑作为书店。与砖石砌筑的教堂旧址不同，设计师用银光闪闪的钢板打造了这个新书店。书架的隔板和立档都是全焊接钢板网格结构体系的一部分。它们彼此作用形成一个钢铁书架构建的室内建筑——诗歌书店。书架没有背板，穹顶的光线依然可以洒入书店。书架还隐隐约约露出教堂旧址从1920年到2019年不同年代的痕迹，包括那组21世纪初作为餐厅时，老板请美院学生绘制的天主教风格壁画。这样钢铁书店和砖石教堂就成为了一个新的整体（图6.1～图6.4）。

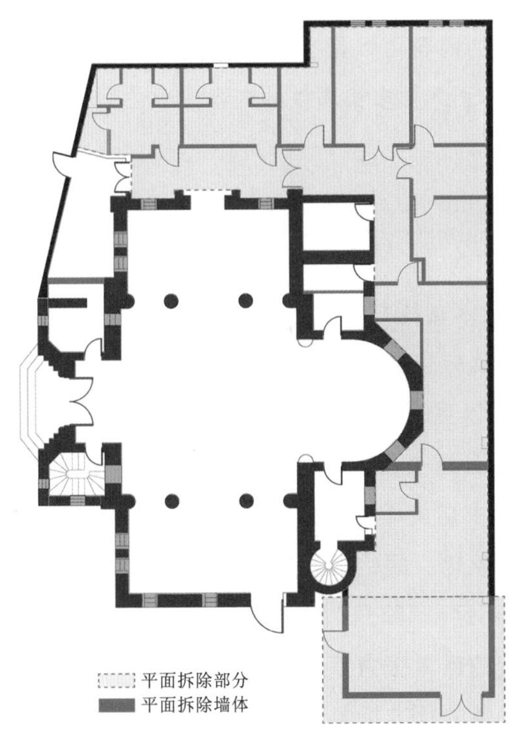

图6.1 墙体拆改图

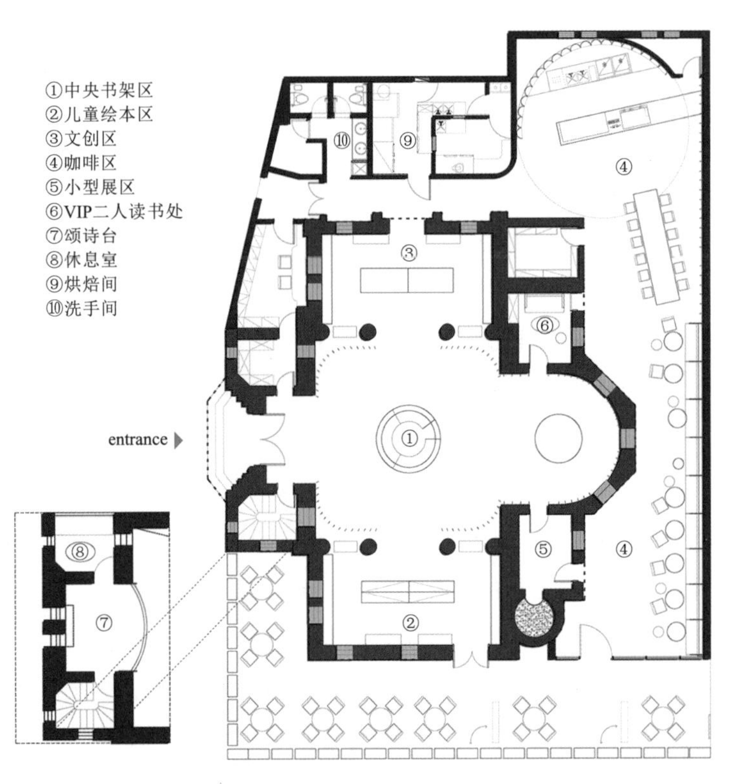

图6.2 平面图

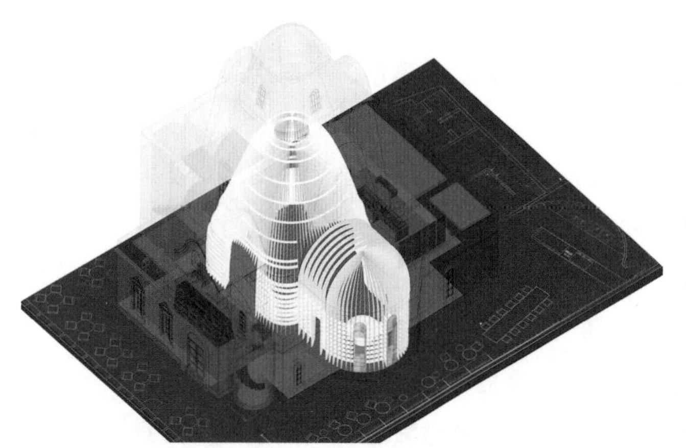

图 6.3　轴测图

图 6.4　思南书局诗歌店内部

6.2　主题化空间、场景化空间定制

近年来，“场景”一词在商业项目中，被赋予了更多的意义，且“场景”一词也有了更多的使用场景，如“支付场景”(可以是我们在支付行为过程中的经历和体验)、“社交场景”(指消费者把商业项目作为家和公司之外第三空间时所进行的交流互动行为)。

主题化场景的打造是体现空间差异化的最直白手法之一。作为空间职能，在视觉（设计)、听觉（背景音乐)、嗅觉（香氛）等各种感官刺激都会给人们带来最直观的交互体验，而视觉又是其中最易被感知的“通道”。因此，一个优秀且极具辨识度的空间场景更能令人们惊叹，并给人留下深刻印象。因此给公共空间包装一个故事是让其“增值”的方式，而故事外在形式化的内容可以是主题场景，在上升空间设计中，通过视觉化手法让人们有更为直观感性的认知，从而有助于引入更多实质性的内容。

案例 2：Jetlag Books 西单更新场限时店

项目地点：北京

项目面积：520m²

设计特色关键词：快闪店、“云端互联时代”、新零售场所、技术追随友好、可持续设计

通过对业态调研，得到“云”的设计概念，并结合数字化将其转化为空间场景，深入浅出，最终为 Jetlag Books 创造出颠覆以往也直达核心的空间价值，设计师尝试以更轻盈的方式重新唤起人们对期刊的兴趣，营造此限时快闪体验店铺。2020 年 12 月，罗振华被委托设计这个在半年后将“消失”的场所，与竭尽全力将建筑空间留下不同，“正在消逝”才是这一次限时快闪书店的设计要义。数字“云朵”一方面回应“正在消逝”的概念，另一方面也是“云端互联时代”的具象化。原始层高受限为空间张力表现提出了挑战，于是更加扁平柔软且具有流动性的云恰好消解了这一不足。“阳光”从云的孔洞中投射，掉落的云朵碎片就地成为陈列展架，裸装屋面与自流地坪在设计营造的巨大张力下模糊不见，喷漆木板吊装则最大化节约了实现成本并有益于环保可持续，设计师对底层逻辑的精准拆解使理性主义最终赢得优雅呈现（图 6.5～图 6.7)。

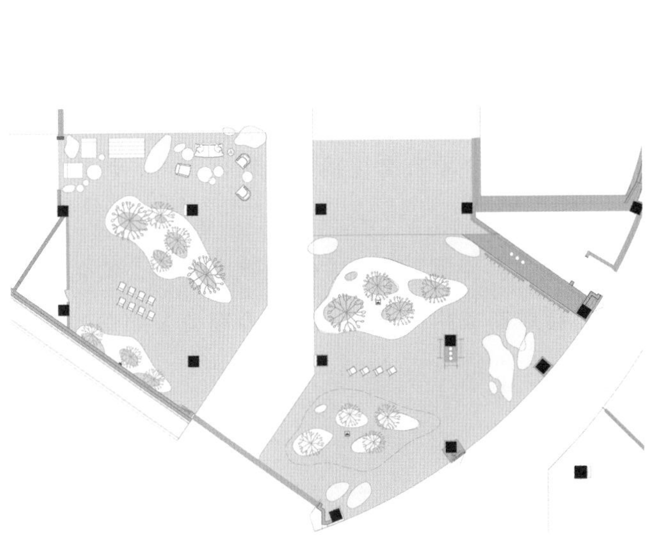

图 6.5　平面图

图 6.6　手绘概念图纸

图 6.7　空间内部

6.3 城市文创公共空间、文化综合体设计

城市文化综合体的空间设计，可以将城市公共文化事业、城市文化产业、城市文化消费有机地融为一体。它是从文化视角对多样化的公共空间作出的诠释。作为一个城市文化精神的物化符号，城市文化综合体将成为城市文化不断传承和衍生的文化载体。

“城市文化综合体”是以文化消费为核心衍生出来的文化公共空间，是以文化生产为基础、文化体验为特色、文化休闲与文化商业为重点、创意产业为延伸、会展商务相配合，以及综合商业，如餐饮、购物、娱乐等互补的泛文化空间的整合。

案例3：朵云书院上海中心旗舰店

项目地址：上海

建筑面积：2259m²

建成时间：2019年8月

设计特色关键词：空中文化综合体、文化地标、书架组建预制、现场施工

朵云书院旗舰店是一个小型的空中文化综合体，它由7个功能区组成，涵盖书店、演讲、展览、咖啡、甜品和简餐等不同功能，总共2259m²，共有约60000册书籍和约2000种文创用品。多云书院建在中国最高建筑上海中心52层239米高处，是目前全中国绝对高度最高的商业运营书店，书店是上海中心这个垂直城市的重要的公共文化场所，也是上海重要的文化地标。

朵云书院上海中心旗舰店整体设计以“山水·秘境”为理念。一走出电梯，就可以看到以温润弧线构建起的山水意象。书店入口的书架设计曲径通幽，走入连绵的书洞中，是一种抽象的体验，仿佛在200米的高空游览书的园林。穿过半透明的园林，读者抵达黑色的秘境。一个个圆形的空间组成了书的迷宫。如果山水是中式园林的灵感，那迷宫则可以代表西式园林。山是层层叠叠，峰峦起伏，山中还有山洞、花园、树林、动物、秘境，白色构成了“山水”，52层高度接受到的阳光和大面积留白是山水的清澈疏朗，黑色构成了“秘境”，沉稳的色调中藏着未知的奇遇（图6.8、图6.9）。

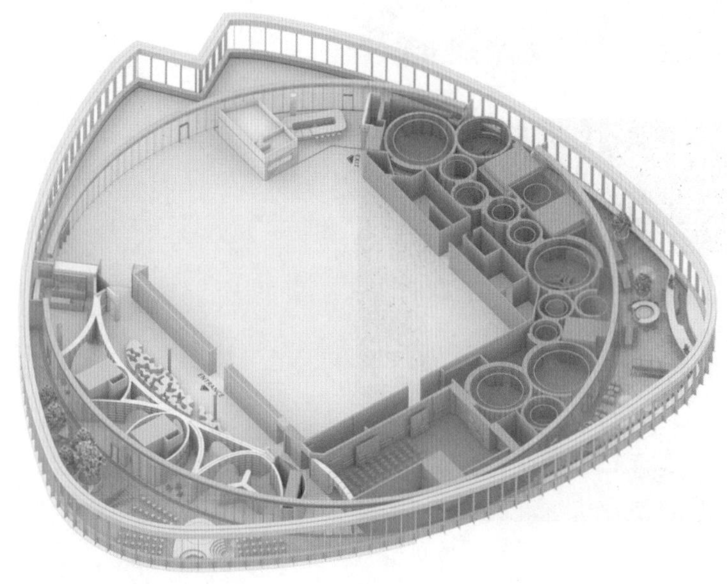

图6.8 轴测图

图 6.9　朵云书院空间内部

6.4　可持续性理念下旧建筑向艺术馆等空间功能转化

由于社会的进步和经济的快速发展，城市的飞速变化优化了产业和经济结构。旧城正面临重建，旧建筑是否拆卸重建或改建使用，成为热门话题。艺术馆具有展览、收藏、研究、教育和交流等功能。因此，旧建筑向艺术馆空间功能转化不失为一种公共空间利用方式。目前，单一空间内的艺术馆已不能满足未来艺术品的陈列需求，而从中国大型公共艺术馆的角度来看，它们仍然不能完全满足艺术对空间的需求。因此，旧城旧式建筑空间的重建，既能满足艺术馆蓬勃发展的需要，又能将艺术融入市民生活，在改造过程中，必须摒弃一次性设计，给老建筑、旧空间注入活力。除了兴建艺术馆外，建筑资源亦可重新利用，以达到可持续发展的目的。

案例 4：云间粮仓建筑改造“上海嘻谷艺术馆”

项目地点：上海

建筑面积：1200m²

建成时间：2022 年 7 月

设计特色关键词：旧厂房改造、展廊、展览空间、展览类建筑、文化建筑、美术馆、艺术空间

DCDSAA 淀川建筑事务所与“云间嘻谷”品牌合作，将坐落于中国上海云间粮仓西 22 栋历史文化老建筑改造为全新的“嘻谷艺术馆”空间。基于场地环境及当代艺术的属性，摒除原始建筑多余的形体，以恰当的分寸和极简的手法，再造出通透性及关联的几何形态，让建筑与室内融合在一起。

这间 20 世纪 50—90 年代的粮食仓库老建筑，总体园区由 59 栋老建筑组成，以前用作粮食仓储、工厂车间、谷仓等，经过全新规划升级为云间粮食文创园。该建筑的概念设计很快就被确定，通过大规模翻新将其改造成了当地文化地标性艺术展馆，从而使其重复生机。设计师在空间中设置了多个自由变化的几何形态，内部建筑具有 7.5m 的高度，整个上海独一无二的双顶连体结构，在视觉上将双顶结构空间统一为整体，也为艺术馆增添力量感，激发着人们的探索欲。

在整个建筑改造过程中，设计师特别强调了生态和自然可持续建筑材料的使用，整个建筑群破旧的建筑结构被从头开始修复，并按照当地保护历史痕迹的规范进行翻修。外立面破旧的老红砖嵌入新的语言，显露出全新的整个建筑结构，为建筑表皮带来新的可能性，诠释对当代材料的美学演绎，创造了一种新与旧的和谐。

艺术馆的空间具有个性和创造特征，按功能以不同比例切割成高低三部分，顺应有序分离的动线，每个体块自由进出互相交融，空间感受与功能需求高效叠加；通过对一天各时段光与阴翳效果的细腻考量，于外墙落地玻璃的几何造型，引光入室，光影翩跹，为有限的界域注入无尽的想象。地面细石子与青石板材质的衔接，高低错落的老木板形态肌理，塑造出内部的灵动性，给予每一件艺术作品以最佳观览效果，巨大的体块构筑了艺术性与雕塑感，又充满了趣味性，整体赋予了艺术最真实的情绪传递。

通过遗留或者过去的痕迹来表达作品，所以决定保留部分它原有的结构、墙面，我们相信这些旧的结构痕迹与新设计的碰撞融合将会呈现给人们不一样的体验感，以此来制造空间的冲突感与戏剧性；在科技感十足的灯光点缀下，锈钢板、裸露的红砖、质朴的材料、肌理的纹路，显得更酷、更开放、更未来（图 6.10、图 6.11）。

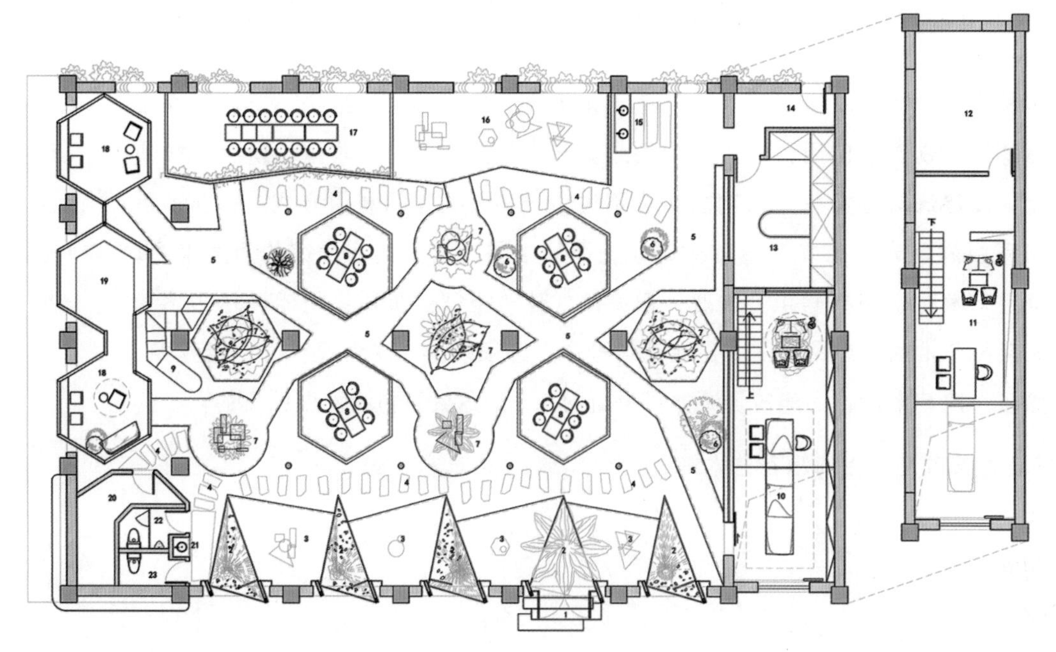

图 6.10　平面图

图 6.11　上海嘻谷艺术馆空间内部

6.5　工业遗存公共空间改造更新设计

随着城市的不断发展，环境质量的不断提升，工业厂房在完成其历史使命后面临着拆除重建或保护更新的局面。与此同时，文化产业的兴起，将工业区改造为创意公共空间成为了贯彻可持续发展理念、延续城市文脉的良好实践，越来越多的城市也逐步进行了工业遗存改造的尝试。在基于结构和风貌保护的基础上，对工业遗存空间进行精细化分析与改造，从而提升整体空间活力具有重要意义。

案例 5：上海杨浦滨江制皂厂空间改造设计

项目地点：上海

建筑面积：1450m^2

建成年份：2020 年 9 月

材料：水泥漆、无机水磨石、玻璃砖、渐变夹膜玻璃、耐候钢板

设计特色关键词：工业遗存空间改造、空间叙事性设计、线下体验空间、餐饮空间

上海制皂厂创建于 1923 年，坐落于杨浦区临近江边的杨树浦路，原为英国联合利华有限公司在杨树浦路建立的英商中国肥皂有限公司，公司曾是远东第一制皂厂。蜂花、固本、扇牌、白丽等家喻户晓的老品牌，都从这里走出，走进几代人的生活。此次改造项目位于原上海制皂

厂生产辅助区，南临黄浦江，由陆域景观与水域码头组成。陆域部分的西侧原为生产区与辅助区，设计以原始墙基为线索，砌筑红砖矮墙，还原历史空间格局，形成半开半合的庭院；同时通过浮起的钢栈道连通各处，达到移步易景的效果。东侧部分由原生产车间中压水解楼及污水净化池（调节池、格栅池、生物转盘池、气浮池、次氯酸钠池、观测楼）组成。

根据早期的相关城市规划，上海制皂厂的原有水池归入被拆除行列，负责建筑改造与景观设计的致正建筑工作室极力保留了这些构筑物，通过增加水池之间管道和上人景观屋面重新确定了这些水池的再利用方式。建筑改造之后呈现的空间骨骼有力，工业和科幻感对撞，路径设定完整并具电影场景感，是空间条件极具独特性和辨识度的工业遗存空间。围绕这个核心特质，注入以制皂主题为核心体验内容的叙事线，结合新媒体手法，完整呈现了制皂主题的魔幻意象室内空间，穿越皂厂历史和当下的时间场景，成为杨浦滨江岸线深受欢迎的公众活动空间。

最终完成的室内改造空间被命名为“皂梦空间”，是策划、建筑、景观、室内、照明、展陈等共同协作完成的完整体验路径，制皂流程转化为富有辨识度的物理空间，生动串联了咖啡、展示、餐饮、艺术事件、制皂实验室等一系列创意公共活动内容场景。设计师选择了一系列制皂工艺流程的动词，命名了一系列连续行进的空间：注入—混合—萃取—呈现—回归—泡沫，被动式的观看路径反过来激起了观者对场景内容的好奇心和关注度。五个长短不一 2.4m 直径的钢制圆筒，连接不同的分镜头空间，每个空间各具鲜明的主题预设场景。圆管除了承载关键的转场功能，也被植入动态可变视觉装置，成为流程的关节空间（图 6.12～图 6.14）。

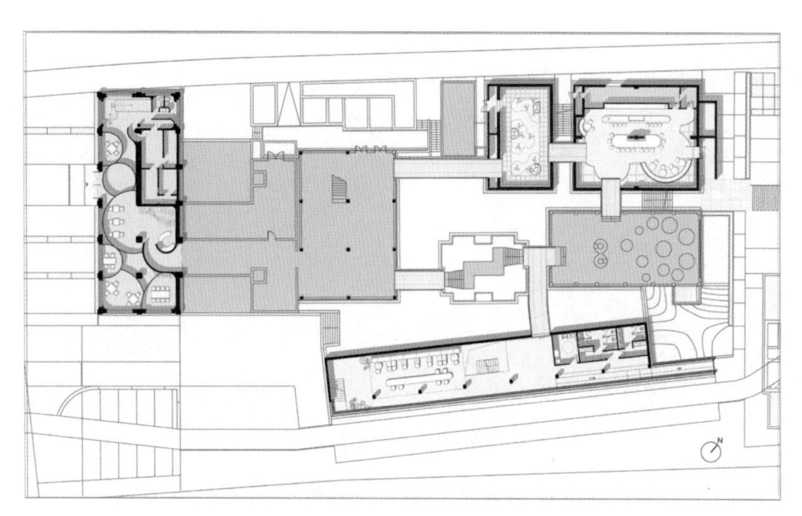

图 6.12　平面图

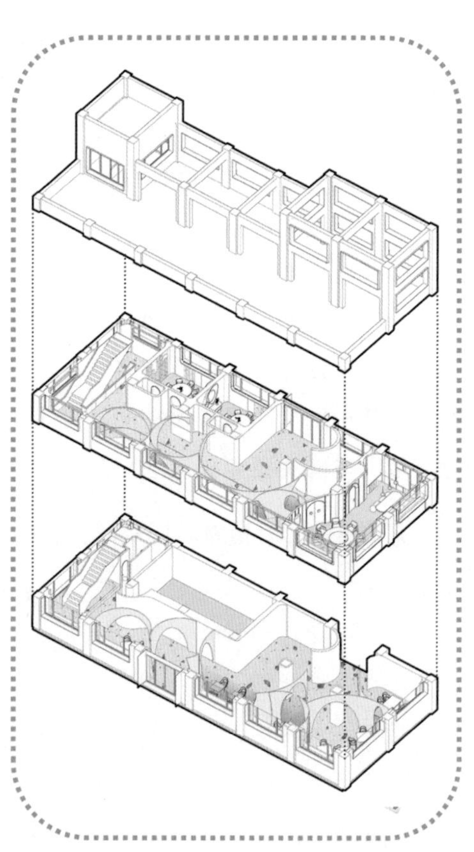

图 6.13　轴测图

图 6.14　杨浦滨江制皂厂空间内部

6.6　绿色、智能、健康的公共空间设计

绿色、智能、健康设计是设计过程中的一种整体策划方案，贯穿于公共空间设计的各个方面，以及建造、使用乃至项目终止使用的整个过程。其目的是将用户的使用要求和对天然再生资源的利用有机地结合起来，对场地环境、建造过程、运行与维护等因素进行统筹分析，紧密结合地域条件，在各个环节中采用高新技术、适当技术与合理的设计手段进行全面协调，在创造一个健康宜人的室内环境的同时，尽可能地降低能耗和减少污染。

用绿色植物布置环境也是创造公共空间环境的有效手段。人类对阳光、空气、水以及充满生命力植物的依赖，已成为设计公共空间环境的标准。在国际上已重视室内环境的生态设计研究和实践，提出了“绿视率”理论并开展了一系列的绿色运动。“绿视率”理论认为：绿色是种柔和、舒适的色彩，给人以镇静、安宁、凉爽的感觉。据测试，绿色在人的视野中达到 20% 时，人的精神感觉最为舒适，对人体健康最为有利。

案例 6：上海瑞虹天地太阳宫

项目地址：上海

建成时间：2021 年

设计特色关键词：沉浸体验式商业空间、生态自然设计理念、垂直结构的室内植被聚落、社交属性场景

瑞虹天地太阳宫位于上海大型社区——瑞虹新城的生活中心及商业聚集点，并兼具办公和公共枢纽等多种功能。这座 18 万 m^2 的商业航母，不仅拥有上海商场史上最大的采光天幕穹顶和三层挑高的超级中庭空间等设计亮点，还突破性地将餐饮主题的街区、集市设置在商场 5～7 层，打造出了独一无二的生态创新型城市综合体，是 ARQ 建筑事务所对新型商业模式探索的又

一次成功实践。作为备受城市居民及商业资本期待的重磅综合体项目，ARQ 建筑事务所设计的瑞虹天地太阳宫历时八年，已于 2021 年 9 月 19 日正式开业。

商业建筑的设计应利用差异化的空间带动体验式的消费，同时也需要结合当地文化习惯以及特色去创造一种情景导向型的商业氛围。因此，在太阳宫的建筑设计中，ARQ 建筑事务所从“FOODIE SOCIAL”主题出发，将传统的商业盒子打开，使绿色生态、品质生活以及社交文化贯穿其中，创造出了一座生态创新型的城市综合体。

太阳宫最大的建筑亮点为 5 层的餐饮主题街区，街区被设计成了一处“空中村落”，以体现山野与城市、自然珍味与生活态度的融合。虽然它位于太阳宫的 5 层，但步入其中却仿佛来到了商场的首层——巨大的超级中庭、倾泻而下的阳光、街区式的店铺布局、开放式的公共空间以及众多的绿植景观，使得这处室内空间给人以室外露天集市般的独特体验。

作为整座建筑的焦点，主题街区三层挑高的超级中庭拥有 5500m^2 的超大采光顶，巨大的采光顶犹如三片荷叶，而三根立柱仿佛参天大树般将它托起。伞状的柱体不仅从体态上减弱了整个空间结构的厚重感，更从造型上进一步强化了生态自然的设计理念。同时，采光顶还采用了根据阳光而变化的自适应遮阳系统，以实现室内空间的节能环保。采光顶之下，则是一处开阔的广场，在此，大小不一的体块互相堆叠、错落有致，在绿植之间虚实掩映，营造出了轻松自然的街区式商业氛围（图 6. 15～图 6. 17）。

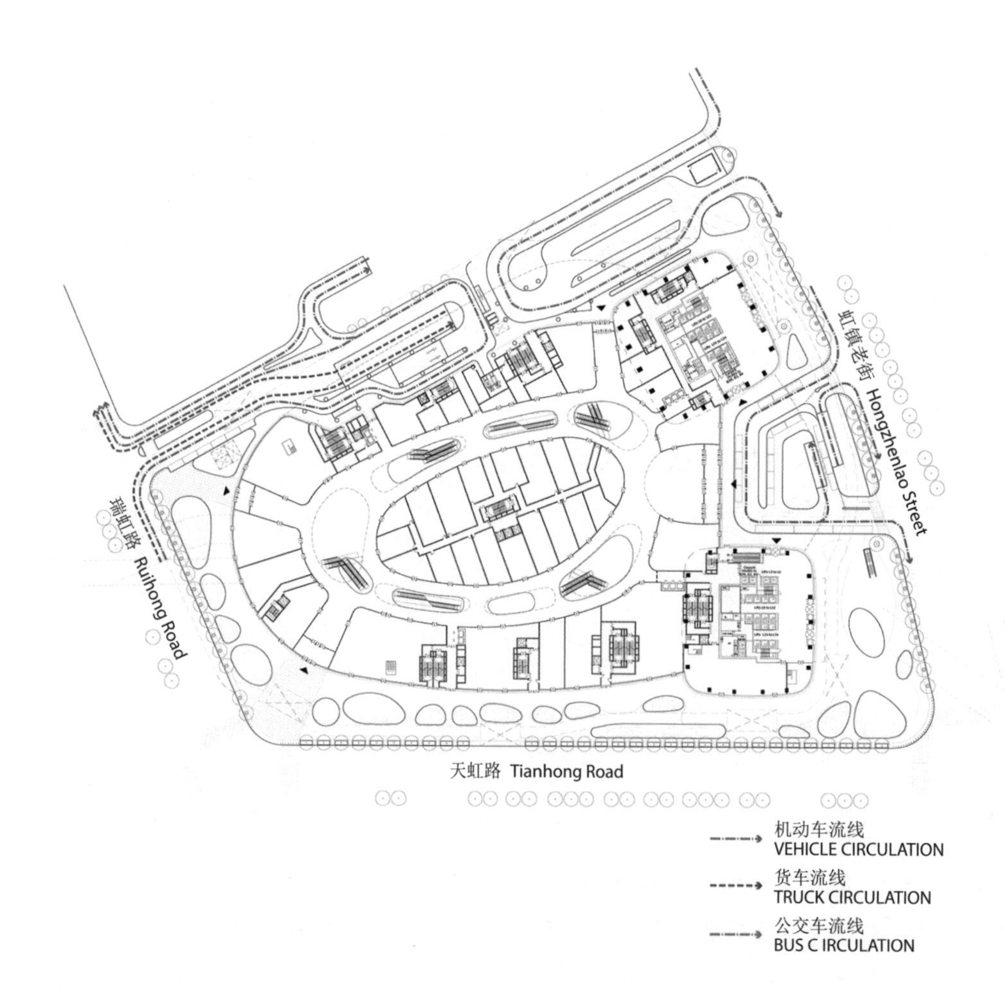

图 6.15　平面图

图 6.16　绿色生态设计概念

图 6.17　上海瑞虹天地太阳宫空间内部

案例 7：CCD 大中华上海总部办公室

项目地址：上海

项目面积：900m^2

建成时间：2021 年 11 月

设计特色关键词：开放・无界、诠释商办新定义、重塑传统功能空间、设计与艺术融合、工作与生活融合、美与实用性融合

CCD 大中华上海总部新办公室择址于上海 CBD 核心区域新天地区域的标杆项目——恒基・旭辉天地。作为上海城市艺术地标新名片，恒基・旭辉天地项目由法国建筑大师让・努维尔（Jean Nouvel）操刀设计，卡塔尔国家博物馆、阿布扎比卢浮宫、悉尼垂直花园大楼、巴黎爱乐大厅等国际知名项目均出自其手。能在这里创造出一个融入于这里的城市肌理，梧桐树林，里弄的小马路，居民式绿化的城市空间，是一种荣耀。在这个融合的时代——设计与艺术融合、工作与生活融合、美观与实用性融合，传统界限和原有规则被打破，人们生活方式的演变日新月异。

为告别千篇一律的“格子间”，设计团队以现代化的设计灵感，重塑了传统的功能空间，为实用性设计增添优雅和美感。这是一个颠覆传统办公形态的空间，涵盖了办公区、咖啡吧、开放式厨房、书吧、单人隔音舱、多功能会议室、沙龙区等。在上海 CBD 繁华的钢筋水泥丛林间，一个静谧而舒适的人性化工作与社交场景徐徐展开——对于那些视灵感为生命的 CCD 员工而言，这里有工作，亦有生活。回归对员工情绪需求的关注，从自然与艺术中，挖掘未来式办公空间全新的审美价值体系。人们可以在这里办公，也可以举办艺术沙龙、电影派对、学术交流会、咖啡品鉴会、或商务、或休闲。这里还是全球顶级物料的首秀场，是物料品牌的博物馆，全球顶级品牌最新物料以展品形式沿着墙壁呈现，形成展示长廊，边走边欣赏。

跳脱过往制式的固定观念，以 mix & match 的设计手法营造出一种轻松自在的优雅。引入绿意、室内景观、阳光，结合轻工业风元素，以及充满视觉张力的艺术画作，让咖啡吧宛如一个小型艺廊。开放式厨房，将东方饮食礼仪纳入其中，厨房中岛可供吧台小酌或冷餐用餐的情境设定，满足不同的需求，展现空间的多元性。以美食之名串起人与人之间轻松真挚的交流。可口的美食、爽口的美酒、窗外的城市美景，让人不自觉地放松下来，欢声笑语的美好氛围萦绕着整个厨房。在这里得到良好的体验感，在这里感受到自己的价值，让工作不止为办公而来（图 6.18～图 6.20）。

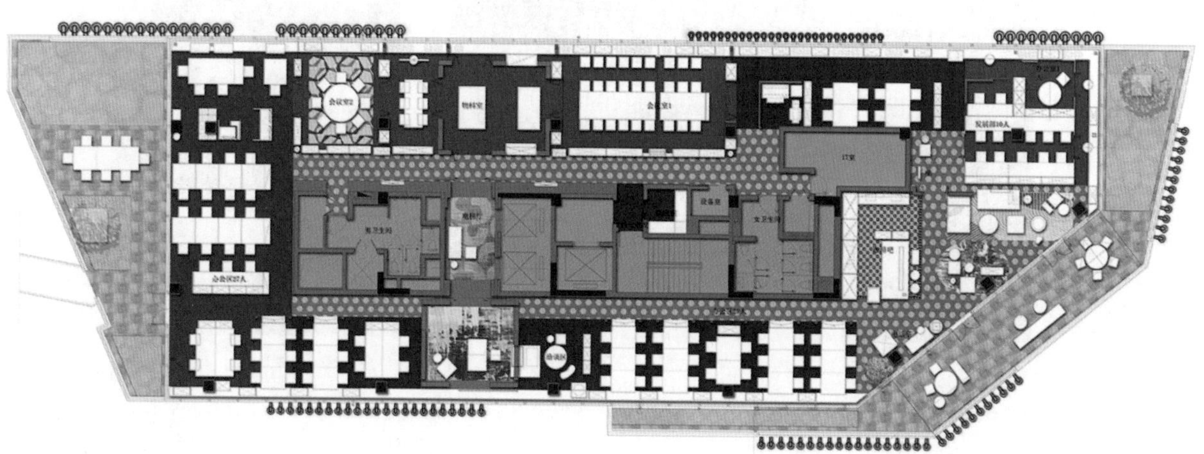

图 6.18　平面图

图 6.19　立面图

图 6.20　空间内部

6.7　品牌效益、国潮复兴思维引领的公共空间设计

案例 8：ON/OFF FASHION STORE 时尚买手店

项目地址：上海

建成时间：2019 年

设计特色关键词：有趣而又艺术性的购物体验、灵活可变的装置系统、动态数字媒体运用、模块化的展示框架

ON/OFF FASHION STORE 时尚买手店是 BFC 外滩金融中心自营的设计师品牌集合店。它位于上海外滩金融中心商业区，由 SLT 设计工作室设计完成。本设计旨在设计一个自由的空间，给顾客提供有趣而又艺术性的购物体验。通过明暗交错的灯光变换，精选色彩的组合，灵活可变的装置系统以及精致材料的碰撞，构造出一个充满都市年轻活力的流动性空间。

店铺整个开放式流线型的外立面，对原有店铺边界进行了解构重组，创造出内部与公共区域之间多变的空间交互关系。从最左侧的场景式橱窗，到色彩鲜明的圆形产品陈列区，到开放式的重点产品陈列区，让经过的客人可以从外部空间感受到品牌与产品的魅力。入口处可旋转的超大镜面不锈钢球形艺术装置折射周围的场景变化；最右端的 Pop. Up 区如洞穴般的神秘通道，订制的 LED 曲面软屏利用动态的数字内容快速提升空间氛围和商业趣味。

内部空间的设计则打破了一般零售空间相对统一的手法，结合场地特点将空间自然划分为不同特性的区域。同时为适应不同运营需求下空间的组合方式，加入了灵活可变的道具模块，与调光系统结合，可以灵活转换成不同的场景，如零售模式、活动模式和秀场模式等。自由的组合陈列方式，为不同品牌的展示方式提供更大的自由空间。私密的水吧区域则可以眺望整个外滩码头和上海标志性的风景。当顾客在 ON/OFF 浏览时，不同的细节会不断给他们带来惊喜与探索感。

空间中高矮不一的半弧形墙壁，与衣服的裁剪融为一体，仿佛是“量体裁衣”定制一般。墙壁上的弧线与屋顶弧形天花延伸至地面的弧线互相交织，营造出曲线美的同时也自动分流了顾客的购物路线。空间顶部线条纵横交错的天花内嵌了灯管，与室内的照明形成交错的光线分布，与镜子层叠映射出层次感。墙面整体柔和的颜色与不同区块活跃明快的彩色几何拼接地毯与墙面的色调互相均衡，完美的进行了活力与质感之间的衔接过渡。精选的定制水磨石、天然大理石等材料，保留着原始的打磨痕迹，与衣物的手工剪裁纹理相碰撞，仿佛让人置身于抽象派和构成主义的美术馆之中。

天花灯光系统由LED造型线和轨道灯构成。LED造型线从天花延伸至地面，与空间其他弧形元素相互呼应，作为空间的线光源的同时也辅助空间区域的划分。轨道灯作为点光源，满足了场景内局部重点照明的需求。几何体块以及点、线、面的设计语言，形成空间构成主义的美学；同时，不同肌理感材质的对比碰撞，体现了设计师对材质细节的思考（图6.21～图6.23）。

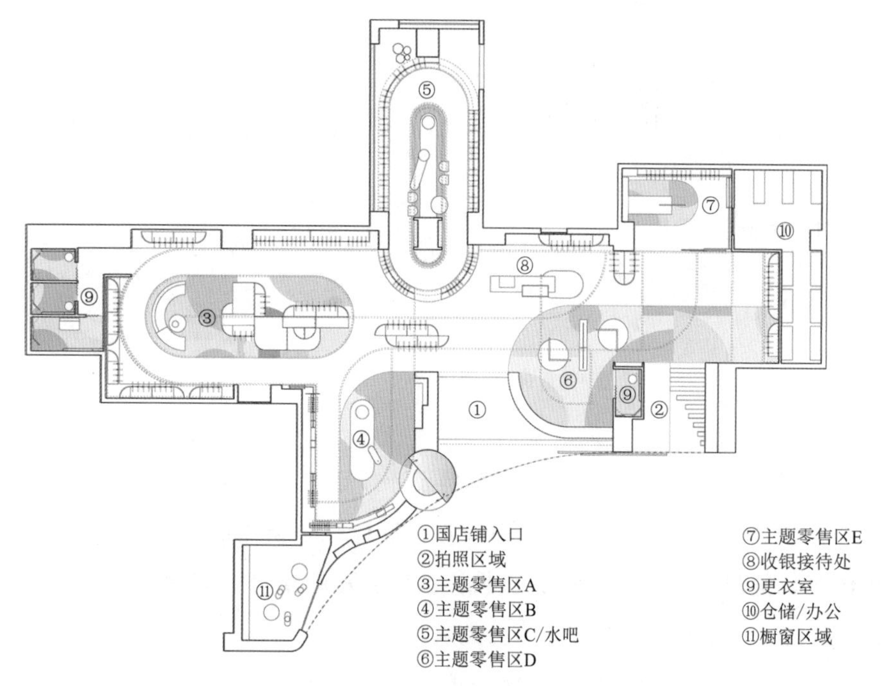

图6.21　平面图

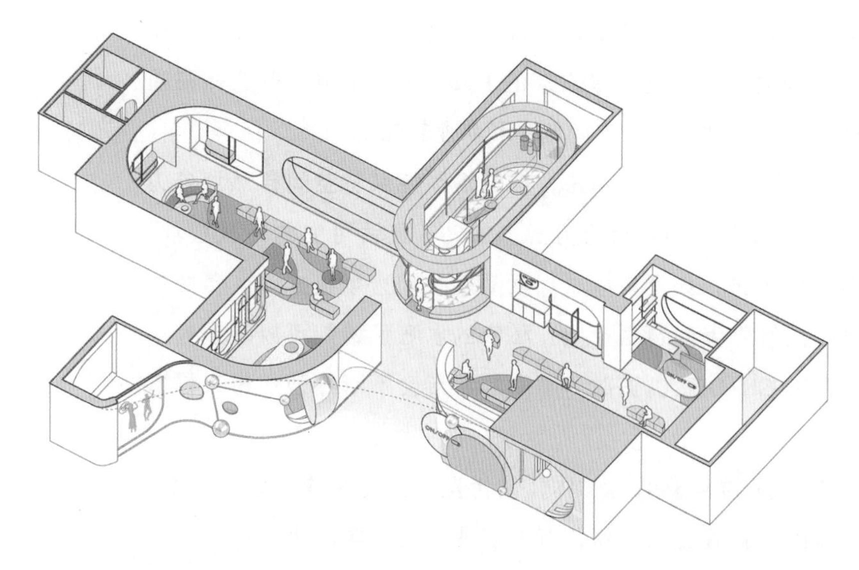

图6.22　轴测图

图 6.23 空间内部

6.8 线上线下、AI 赋能和深度体验等公共空间场景构建

案例 9：法兰克福机场体验中心

项目地址：法国 法兰克福

建筑面积：1200m^2

建成时间：2021 年

设计特色关键词：交互体验、互动屏幕、数字展品、AI 智能

法兰克福机场体验中心位于 1 号航站楼内，面积 1200m^2，旨在向人们展示法兰克福机场日常工作幕后的故事。在大型空间设施、复杂的技术模型，以及数字应用程序的帮助下，机场通常不为乘客所知的一面被悉数展示在人们眼前。展览的亮点包括一座巨大的机场模型，富有动态感的光带将其与整个空间交织在一起。除了采用 VR 技术的“智能窗口”实时连接到机场的信息系统外，展厅内还设有一处名为“The Globe”的数字艺术装置，“The Globe”的巨型互动屏幕上实时跟踪全球所有航班。

参观者如今则可以在互动展览中亲身体验以上所有流程。体验中心的中央展区展出了法兰克福机场的扩展模型，生动地将地面上与天空中发生的故事联系起来：大型灯光装置以流线型光带的形式展示出飞机的航线，而沿曲线运动的动态光点则展示出飞机起落的过程。光带全长 330m，光线如脉搏般在光带上跃动，贯穿了整个体验中心，在营造出奇妙而美丽的视觉体验的同时，将如舞蹈般流动的实际飞行路径具象展现在人们眼前。

展览展出的模型还原出跑道、跑道标记、机场建筑和高速公路在内所有场地元素，人们可以在约 50m^2 的模型面积上看到机场的独特概况。除了直接可见的建筑之外，游客们可以借助 VR 平板电脑“扫描”模型内部，进而更加深入地了解到模型内“隐藏”的信息。航站楼外忙碌的日常景象，将展览与机场的现实联系起来。通过带有触摸功能的“智能窗口”，旅客可以查看停机坪区域，并通过与实际机场信息系统的实时连接，了解更多的活动信息。通过将实时变化的动态信息具象化体现出来，人们能够更好地理解包括飞机操控在内的一系列实际流程。

从技术上讲，游客中心最复杂的数字展品当属“The Globe”数字装置作品。从地板到天花板的巨型互动屏幕，实时跟踪着全球所有航班的信息。参观者可以使用手势控制使球体旋转，然后查询或放大地球上的每一个“点”。最令人印象深刻的是，从屏幕上人们可以清晰地看到，数量可观的全球空中交通流线正在向着法兰克福机场汇集。

除此之外，展览内还设有更多的互动和空间装置，旨在进一步丰富人们的参观体验：一方面，“动感之旅”（Motion Ride）装置配备有360°虚拟现实耳机以及动态运动平台，在这里，游客们可以以一件行李的视角，沿着机场深处的行李传送带网络快速登机，以独特的感官亲身体验机场中最核心的基础组成部分之一；另一方面，“停机坪调度员游戏”（Marshaller Game）则要求参与者具有一定的敏感性和协调性，因为在这里，他们将化身真正的停机坪调度员，手中拿着亮橙色的指挥杆引导飞机达到登机口，并停在正确的位置上。前方的大屏幕将这一沉浸式的体验实时可视化在大众眼前，参与者的人体动态将由AI控制的运动跟踪系统进行同步。

作为德国最重要的机场之一，在法兰克福机场内进行搭建具有非常苛刻的限制条件，而本项目就是在这种情况下实现的，除了复杂的设计外，它还必须满足AV技术、消防安全、排烟、航空安全、数据保护、机场IT和楼宇自动化方面的最高要求。在与机场官方Fraport AG的密切合作下，耗时五年规划与筹备的体验中心，终于在全球疫情期间完美落成，展览目前已开始对外开放，并将引领参观者们开启一场独一无二的探索之旅（图6.24～图6.26）。

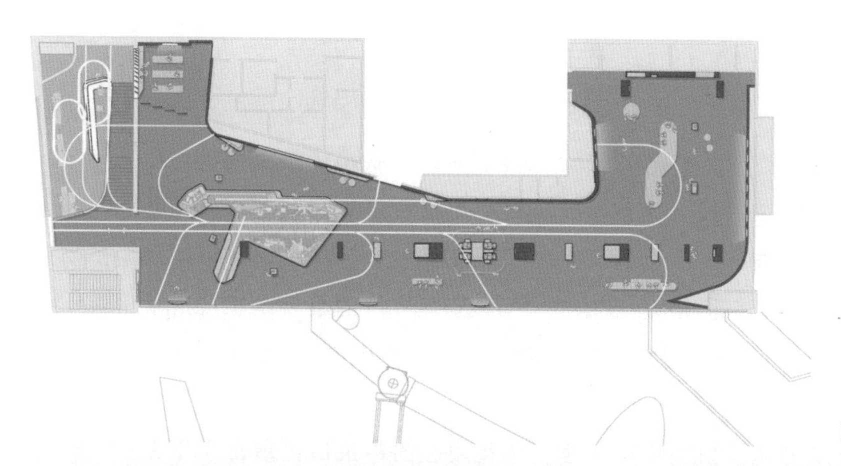

图6.24　平面图

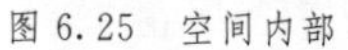

图6.25　空间内部

图 6.26　数字装置展台

6.9　衣、食、住、学、娱等公共空间集成场景体验和增值服务

案例 10：FOURTRY SPACE 潮流生活体验空间

项目地址：四川

建筑面积：646m^2

建成时间：2020 年

设计特色关键词：潮流生活、体验建筑、跨界融合

该设计项目选址于成都高新区铁像寺片区，STUDIOLITE（SLT）创始人受邀打造线下潮流生活体验建筑与空间场景——“FOURTRY SPACE”。将中国传统、先锋文化和国际顶级艺术跨界融合，展现中国年轻人对潮流文化的热爱和对潮流生活的态度。整个建筑与室内场景同时具备潮流零售、艺术品布展、咖啡休闲和导播工作区四个主要功能，室内场景与道具要有相当的灵活性，满足艺术布展的要求以及与国际顶级艺术家跨界合作的空间兼容度。在此基础上，室内外空间需要满足前期节目直播拍摄与后期实际经营的无缝转换与衔接。现有的古建空间远不能满足这些功能需求，需要在红线范围内的限制下重新梳理空间逻辑，附加新生空间与原始空间一起，为潮流发生地的存在创造可能性。

由 3D 打印的巨大装置“Flow”飘带围合出建筑的主入口空间，引导大家进入 Fourtry Space 潮流体验空间。首先到达的是咖啡区双面中岛，滨河的休憩空间内摆放着 SLT 联名 Fourtry 定制设计的专属咖啡桌椅。为了最大程度尊重原有场地的文脉与记忆，我们用镜面金属材质还原了曲径通幽的原有石桥，景观内置，古韵新呈，赋予原有地域文化新的视觉感受，并且保留了起始位置的两尊吸水兽。

第一个主题零售空间是充满现代蜀韵的“金属竹林”。通过将金属立杆巧妙地延伸成道具系统的主要构件，与灵活的扣件与横杆组成了一套完整的零售道具系统。隐藏的雾气系统可以很好地延展和放大光影的变幻，商品在若有若无的烟雾遮映下更具潮流感与神秘感。在金属竹林区，还可以进一步叠加更细一级的场景模块与道具，最大程度匹配主题艺术陈列与商品展示。其中数字传输舱就是配合主题展陈下的艺术多媒体装置，用充满未来感的数字屏幕作为背板的媒介，以不断变化的多媒体艺术内容营造独特的场景体验。

穿过“竹林深处”，进入古建内部的零售空间，摒弃繁复的色彩与多余的装饰，保持节制与谦逊的姿态，在木结构的原本空间中加入功能性陈列道具，用大块面的纯白基调与红棕木色相互衬托，诠释东方文化中的“布白之奇、笔墨之简”的情景之致。

缓步登上二楼，原有木构建筑的空间对称性与进制制式得到最大保留。通过线性灯光来增加空间东西向的纵深感和动态。新加的场景道具与展陈系统围绕木柱，通过高中低三个高度层次的杆件重组空间，配合两侧悬挂的细长屏幕营造出潮流百变的秀场氛围。在这里穿搭试衣，丰富的视觉体验给原有严肃经典的建筑空间带来潮流活力。当完成二楼的试衣体验回到一楼，会来到 Fourtry Space 的 Pop. up 艺术快闪空间。中间定制的独立金属传送装置，为静止的空间来带流动的视觉体验。

该设计不仅要充分考量节目拍摄和短期经营的使用，还要考虑节目结束之后作为一家独立买手店存在的建筑空间使用属性。因此从非传统的角度切入建筑与空间场景设计，零售空间已经不局限于作为简单的产品容器来展示商品，而是作为整个消费体验中的重要组成部分，甚至可以成为产品的本身。在川西古建与潮流空间交汇处，遵循地域文化的延续性，融合自然环境，用先锋意识与经典美学为潮流与生活的相遇和复苏创造了对话空间（图 6. 27～图 6. 29）。

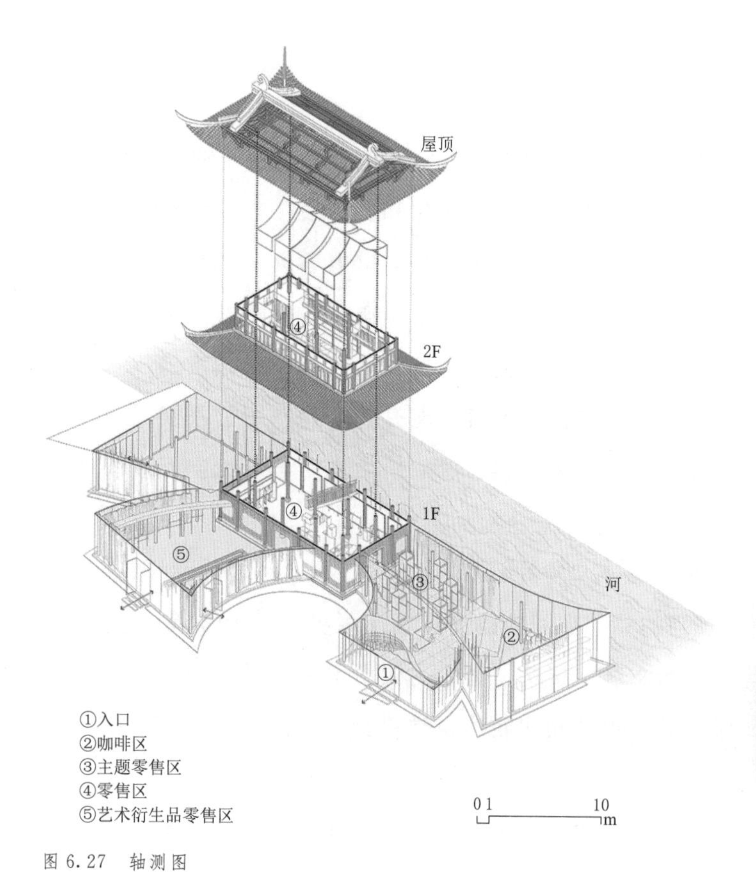

图 6.27　轴测图

图 6.28　入口空间

图 6.29　空间内部

参考文献

[1] 韩国建筑世界株式会社. 办公空间［M］. 孙磊，译. 大连：大连理工大学出版社，2002.

[2] 韩国建筑世界株式会社. 展示空间［M］. 李家坤，译. 大连：大连理工大学出版社，2002.

[3] 哈德森. 工作空间设计［M］. 吴晓云，译. 北京：中国轻工业出版社，2000.

[4] 产业，雷尼. 现代餐饮建筑空间设计［M］. 上海：同济大学出版社，2001.

[5] 朱丽叶·泰勒. 主题酒吧设计［M］. 杨玮娣，译. 北京：中国轻工业出版社，2001.

[6] 邹伟良. 室内环境设计［M］. 重庆：西南师范大学出版社，1998.

[7] 李沙，冯安娜. 室内设计参考教程［M］. 天津：天津大学出版社，1998.

[8] 火霄，金霑. 商店建筑 6：美容美发［M］. 沈阳：辽宁科学技术出版社，2004.

[9] 广川启智. 日本建筑及空间设计精粹：建筑·百货及商店设计篇［M］. 北京：中国轻工业出版社，2000.

[10] 香港日瀚国际文化有限公司. 中国商业空间：中式餐厅［M］. 香港：香港科文出版公司，2004.

[11] 广川启智. 日本建筑及空间设计精粹 2：文化、公共设施及标志设计篇［M］. 北京：中国轻工业出版社，2000.

[12] 克里斯汀·理查德. 商店及餐厅设计［M］. 李永君，刘君，译. 北京：中国轻工业出版社，2001.

[13] 王群. 建筑空间解析［M］. 北京：中国轻工业出版社，2003.

[14] 苗国青，朱敏芳. 室内设计理论及应用［M］. 上海：上海交通大学出版社，2004.

[15] 汤重熹. 室内设计［M］. 北京：高等教育出版社，2004.

[16] 王福川. 现代建筑装修材料及其施工［M］. 北京：中国建筑工业出版社，1986.

[17] 张绮曼，潘吾华. 室内设计资料集［M］. 北京：中国建筑工业出版社，1999.

[18] 邹伟民. 室内环境设计［M］. 重庆：西南师范大学出版社，1998.

[19] 张绮曼，郑曙旸. 室内设计资料集［M］. 北京：中国建筑工业出版社，1995.

[20] 田学哲. 建筑初步［M］. 北京：中国建筑工业出版社，2001.

[21] 朱小平. 室内设计［M］. 天津：天津人民美术出版社，1991.

[22] 武峰. CAD 室内设计施工图常用图块［M］. 北京：中国建筑工业出版社，2002.

[23] 李智慧. 基于体验视角的主题酒店客房室内设计［D］. 长沙：中南林业科技大学，2016.

[24] 李芳. 现代会议室空间设计探究［J］. 福建质量管理，2018（20）：285.

[25] 苏立鹏，朱晓华. 展示空间设计浅析［J］. 科技创新导报，2012（31）：196.

[26] 吕奇达. 办公空间设计的发展趋势［J］. 科技信息：科学·教研，2008（15）：581－642.

[27] 陈希. 高校学术报告厅的环境设计探讨 [D]. 长沙：中南大学，2013.

[28] 詹兴祥. 公共建筑会议空间设计 [J]. 西部人居环境学刊，2004 (3)：2-5.

[29] 胡玥. 居住区会所设计浅析 [J]. 建筑工程技术与设计，2014 (13)：132-132，130.

[30] 晏益力. 论会所设计 [J]. 中外建筑，2008 (7)：3.

[31] 周兆驹，王亚平，郑耀斌. 山东省科技馆国际会议报告厅视听环境设计 [J]. 山东建筑工程学院学报，2004，19 (4)：4.

[32] 孙浩，王朋. 现代办公空间设计 [J]. 丝路视野，2016 (33)：2.

[33] 白刃. 室内公共空间的无障碍设计 [D]. 长春：吉林艺术学院，2010.

[34] 张瑞娟. 公共空间室内界面的模糊化设计研究 [D]. 郑州：郑州大学，2015.

[35] 王军. 结合地域特色的公共建筑空间及室内设计探析 [D]. 邯郸：河北工程大学，2016.

[36] 卫东风. 吉美博物馆室内类型设计研究 [J]. 华中建筑，2012，30 (3)：6.

[37] 周声虹. 基于时间知觉体验下的博览建筑空间序列设计研究 [D]. 长沙：湖南大学，2021.

[38] 范业闻. 阅读正大广场的室内空间 [J]. 上海艺术家，2003 (3)：1.

[39] 崔会志. 现代大学教学建筑“灰空间”的应用研究：以合肥地区为例 [D]. 合肥：合肥工业大学，2017.

[40] 邢博雅. 室内空间序列组织探析：室内空间类型及组织方法 [J]. 宁德师专学报（哲学社会科学版），2008 (4)：87-90.

[41] 彭国齐. 商业展示空间界面与空间形态设计研究 [D]. 广州：广东工业大学，2011.

[42] 江燕，邹初红. 浅议室内设计中的空间组织 [J]. 皖西学院学报，2010 (5)：119-121.

[43] 周同，初妍. 建筑空间序列设计的案例教学 [J]. 高等建筑教育，2008，17 (6)：5.

[44] 吕斌. 简析建筑设计中的室内外空间的组织与处理 [J]. 科技创新导报，2009 (30)：1.

[45] 相玥悦，庞峰. 关于纪念馆空间序列组织设计的研究 [J]. 西部皮革，2018，40 (23)：2.

[46] 黄元，赵西平. 公共空间室内设计的创意与手法 [J]. 城市建设理论研究：电子版，2015，5 (32)：2858.

[47] 汪洋. 公共建筑室内空间设计及发展趋势 [J]. 智能城市，2021，7 (9)：2.

[48] 张文静. 分形理论对室内公共空间设计的影响初探 [D]. 上海：东华大学，2016.

[49] 张燕. 当代大学建筑公共空间形态设计与研究 [D]. 天津：天津大学，2012.

[50] 卫东风. 基于类型学之酒店空间设计研究：以南京丁山花园酒店为例 [J]. 创意与设计，2011 (5)：3.

[51] 李健. 大型商业建筑空间形态的研究 [D]. 青岛：青岛理工大学，2013.

[52] 贾沁媛. 室内生态设计 [D]. 天津：天津大学，2001.

[53] 杨志伟. 室内生态设计的原则及设计方法探析 [D]. 天津：天津大学，2010.

[54] 邵伟. 室内设计的生态主意：未来的室内设计 [J]. 煤炭技术，2006，25 (8)：4.

[55] 秦高峰. 室内环境设计生态化思想内涵探究 [J]. 人民论坛：中旬刊，2015 (11)：2.

[56] 逯海勇，胡海燕，王晓莉. 室内设计的生态学研究 [J]. 山东农业大学学报：自然科学版，2004，35 (1)：6.

[57] 陈军. 绿色设计可操作性研究：美国 Audubon 国家机构总部相关问题处理方式简介 [J]. 室内设计与装修，1999 (6)：74-75.

[58] 肖金媛. 可持续发展的室内生态设计观 [J]. 华中建筑，2006，24 (7)：3.

[59] 何碧梧. 建筑物室内生态设计 [J]. 建材世界，2005，26 (5)：72-73.

[60] 罗吉. 室内生态设计探析 [J]. 现代农业科技，2009 (7)：2.

[61] 周蕊. 生态理念下公共空间室内的垂直绿化设计研究 [D]. 唐山：华北理工大学，2019.

[62] 彭旭，阮宇翔. 智能化教学建筑空间设计 [J]. 武汉大学学报：工学版，2002，35 (5)：3.

[63] 刘昌惠. 智能化技术在小型办公空间设计中运用研究：以南京懒兔子文化传媒公司办公空间为例 [D]. 南京：南京师范大学，2020.

[64] 刘学. 试论移动信息时代下城市商业空间的重构 [J]. 商业经济研究，2020 (10)：3.

[65] 李军. 默特尔智能公寓：浅谈英国的智能型住宅 [J]. 电脑知识与技术：数字社区智能家居，2006 (7)：3.

[66] 李琦. 绿色智能理念下的医院建筑规划设计研究 [J]. 建材与装饰，2019 (6)：2.

[67] 孙梦媛. 旅游城市"智慧医养"空间设计研究 [D]. 济南：山东建筑大学，2021.

[68] 罗潇. 论智能化医疗空间设计 [D]. 重庆：四川美术学院，2015.

[69] 翁如璧. 建筑师在智能建筑设计中的作用：北京发展大厦设计体会 [J]. 工程设计 CAD 及自动化，1998 (6)：6.

[70] 张立波，刘迪. 基于智能技术的医院建筑设计研究 [J]. 建材发展导向，2016 (5)：2.

[71] 杨凯. 智能建筑设计在医院建筑中的应用 [J]. 城市建设理论研究：电子版，2014 (36).

[72] 闻皓扬. 基于智能化建筑理念下的办公建筑设计：以武汉武昌区新建某办公楼为例 [D]. 武汉：长江大学，2020.

[73] 孙子涵. 智能化在医美室内空间中的应用研究 [D]. 济南：山东建筑大学，2020.

[74] 邓扬，罗静. 基于绿色智能理念下的医院建筑规划设计探讨 [J]. 中国建筑装饰装修，2022 (5)：3.

[75] 张辛，张庆阳. 国外智能建筑探究及案例（下）[J]. 建筑，2017 (16)：3.

[76] 赵幸辉. "互联网＋"智能化商业空间的使用意向因素研究 [J]. 宿州学院学报，2021，36 (4)：4.

[77] 何世峰. 基于智能化技术的医院室内设计研究 [J]. 智能建筑与工程机械，2020，2 (5)：3.

[78] 邹玲莉. 智能财税"1＋X"证书在高职财会专业的实施策略研究：以重庆财经职业学院为例 [J]. 内蒙古煤炭经济，2020 (23)：209－210.

[79] 托伯特·哈姆林. 建筑形式美的原则 [M]. 邹德侬，刘丛红，译. 武汉：华中科技大学出版社，2020.